校企合作装备制造类专业精品教材

工业机器人编程与操作

主审 汤多良
主编 宋继祥 陈 鑫 金 鑫

航空工业出版社

北 京

内 容 提 要

本书共有 9 个项目，主要内容包括认识工业机器人及其仿真软件、了解工业机器人的基本操作、配置工业机器人 I/O 通信系统、设定工业机器人程序数据、编写简单的工业机器人程序、编写与调试曲线运动轨迹程序、编写与调试搬运程序、编写与调试自动喷涂程序、编写与调试装配程序。

本书可作为各类院校机电一体化技术专业、智能机电技术专业、电气自动化技术专业及其他相关专业的教材，也可作为有关工程技术人员的参考资料及相关企业单位的培训用书。

图书在版编目（CIP）数据

工业机器人编程与操作 / 宋继祥，陈鑫，金鑫主编. 北京：航空工业出版社，2025.1. -- ISBN 978-7-5165-4081-7

Ⅰ．TP242.2

中国国家版本馆 CIP 数据核字第 2025R3K748 号

工业机器人编程与操作
Gongye Jiqiren Biancheng yu Caozuo

航空工业出版社出版发行
（北京市朝阳区京顺路 5 号曙光大厦 C 座四层　100028）
发行部电话：010-85672666　010-85672683　　读者服务热线：010-85672635
北京同文印刷有限责任公司印刷　　　　　　　　全国各地新华书店经销
2025 年 1 月第 1 版　　　　　　　　　　　　　2025 年 1 月第 1 次印刷
开本：787×1092　1/16　　　　　　　　　　　　字数：289 千字
印张：12.5　　　　　　　　　　　　　　　　　定价：39.80 元

PREFACE 前言

工业机器人技术已成为衡量一个国家制造业水平和科技水平的重要标志。目前，我国制造业正处于加快转型升级的重要时期，发展以工业机器人为主体的机器人产业，正是破解我国产业成本上升及环境制约问题的重要途径。

工业机器人广泛应用于工业生产的各大领域，随着物联网、大数据、人工智能向各行业的快速渗透，工业机器人的应用领域也将持续扩展，并由此催生出巨大的人才需求。为了培养相关人才，编者根据实际岗位需求，结合本课程的教学特点，精心编写了本书。

本书具有以下几个方面的特色。

1. 素质教育，立德树人

党的二十大报告指出："育人的根本在于立德。"本书积极贯彻党的二十大精神，将素质教育贯穿整个教学过程。本书在每个项目开头明确了"素质目标"，并在每个项目中设置了"砥节砺行"模块，旨在使学生深入领会精益求精、艰苦奋斗、勇于创新的时代精神，激发学生的进取精神、协作精神和爱国热情，从而帮助学生树立正确的世界观、人生观、价值观。

2. 校企合作，工学结合

在编写本书的过程中，编者同多位一线教师和企业专家密切合作，在内容安排上充分考虑了相关岗位对人员的知识要求、技能要求和素质要求，力求使知识学习和岗位需求有机结合。

3. 活页理念，全新形态

为落实教育主管部门相关文件精神，本书采用"活页理念"进行编写，坚持以应用为主线，不仅传授学生理论知识，还着力培养学生的专业技能，旨在培养既精通理论又擅长实践的高素质人才。

4. 项目驱动，理实一体

本书分为9个项目，每个项目以"项目导读→学习目标→项目工单→知识准备→项目实施→学习效果测评→项目总结与反馈"的结构编排内容。

项目导读：通过对本项目相关知识进行简单介绍，让学生对即将学习的内容有一个大致的了解和初步的认识。

学习目标：设置在每个项目的开头，学生可以据此明确学完本项目所要达成的目标，进而有目的地开展理论学习和实践活动。

项目工单：以思维导图的形式梳理本项目将要学习的知识，引导学生分组、制订工作计划、完成工作任务，逐步培养学生自主学习的意识和能力。

知识准备：参考各类院校"工业机器人编程与操作"的课程标准，以"必需、够用"为原则，精讲理论，注重应用。

项目实施：以工作岗位所需的知识和技能为出发点设置实施案例，注重培养学生的实践能力，以提高学生的技能水平。

学习效果测评：每个项目均设有丰富的习题，旨在让学生对所学知识查漏补缺，完善自己的知识体系。

项目总结与反馈：每个项目最后均设有学习成果评价表，帮助学生总结经验、认识不足，并促进自我提升与反思。

5. 模块丰富，助力学习

本书在正文中设有"知识链接""小提示""头脑风暴""笔记"等模块。其中，"知识链接"模块可丰富学生的知识面，拓展学生的思维；"小提示"模块可为学生指点迷津，帮助学生更好地理解相关知识；"头脑风暴"模块可加强课堂互动，提高学生的学习积极性；"笔记"模块可以引导学生在学习过程中记录重点知识，巩固学习成果。

6. 数字资源，平台辅助

本书配有丰富的数字资源，读者可以借助手机或其他移动设备扫描二维码观看微课视频，也可以登录文旌综合教育平台"文旌课堂"查看和下载本书配套资源，如教学课件、课后习题答案等。读者在学习过程中有任何疑问，都可以登录该平台寻求帮助。

此外，本书还提供了在线题库，支持"教学作业，一键发布"，教师只需要通过微信或"文旌课堂"App扫描扉页二维码，即可迅速选题、一键发布、智能批改，并查看学生的作业分析报告，提高教学效率、提升教学体验。学生可在线完成作业，巩固所学知识，提高学习效率。

本书在编写过程中，参考了大量的资料并引用了部分文章和图片等。在此，向这些资料的作者表示衷心的感谢！这些引用的资料大部分已获原作者授权，但由于部分资料来自网络，我们未能确认出处，也暂时无法联系到原作者。对此，我们深表歉意，并欢迎原作者随时与我们联系，我们将按规定支付酬劳。

本书由汤多良担任主审，宋继祥、陈鑫、金鑫担任主编，解玉坤、赵英凯、黄如杭担任副主编。由于编者水平有限，书中难免存在疏漏或不当之处，敬请广大读者批评指正。

本书配套资源下载网址和联系方式

网址：https://www.wenjingketang.com
电话：400-117-9835
邮箱：book@wenjingketang.com

CONTENTS 目录

项目一　认识工业机器人及其仿真软件 ··· 1

项目工单——认识工业机器人及其仿真软件 ·· 3
　　一、思维导图 ·· 3
　　二、小组分工 ·· 3
　　三、制订计划 ·· 4
　　四、成长记录 ·· 4

知识准备 ·· 5
　　一、工业机器人概述 ·· 5
　　二、工业机器人的组成 ··· 7
　　三、工业机器人的技术参数 ·· 11
　　四、RobotStudio 软件简介 ·· 12

项目实施 ·· 14
　　一、安装 RobotStudio 软件 ··· 14
　　二、创建简单的工业机器人系统 ·· 16

学习效果测评 ·· 20

项目总结与反馈 ··· 21

项目二　了解工业机器人的基本操作 ··· 23

项目工单——了解工业机器人的基本操作 ·· 25
　　一、思维导图 ·· 25
　　二、小组分工 ·· 25
　　三、制订计划 ·· 26
　　四、成长记录 ·· 26

知识准备 ·· 27
　　一、示教器的结构 ··· 27
　　二、示教器的手持方法 ·· 28

I

三、示教器的基本设置 ································· 29
　项目实施 ·· 31
　　一、手动操纵工业机器人做单轴运动 ················· 31
　　二、手动操纵工业机器人做线性运动 ················· 33
　　三、手动操纵工业机器人做重定位运动 ··············· 34
　学习效果测评 ·· 36
　项目总结与反馈 ······································ 37

项目三　配置工业机器人 I/O 通信系统 ················· 39
　项目工单——了解工业机器人 I/O 通信系统 ············ 41
　　一、思维导图 ···································· 41
　　二、小组分工 ···································· 41
　　三、制订计划 ···································· 42
　　四、成长记录 ···································· 42
　知识准备 ·· 43
　　一、工业机器人 I/O 接口 ·························· 43
　　二、ABB 工业机器人标准 I/O 板 ··················· 43
　项目实施 ·· 48
　　一、配置标准 I/O 板 ····························· 48
　　二、创建 I/O 信号 ······························· 50
　　三、检查 I/O 信号 ······························· 56
　学习效果测评 ·· 57
　项目总结与反馈 ······································ 58

项目四　设定工业机器人程序数据 ······················ 59
　项目工单——了解工业机器人程序数据和坐标系 ········· 61
　　一、思维导图 ···································· 61
　　二、小组分工 ···································· 61
　　三、制订计划 ···································· 62
　　四、成长记录 ···································· 62
　知识准备 ·· 63
　　一、工业机器人的程序数据 ························· 63
　　二、工业机器人的坐标系 ··························· 66
　项目实施 ·· 69
　　一、设定工具数据 ································ 69
　　二、设定工件数据 ································ 72
　　三、设定有效载荷数据 ····························· 74

学习效果测评 ··· 75
项目总结与反馈 ··· 76

项目五　编写简单的工业机器人程序 ··· 77

项目工单——了解工业机器人编程指令 ··· 79
一、思维导图 ··· 79
二、小组分工 ··· 79
三、制订计划 ··· 80
四、成长记录 ··· 80

知识准备 ··· 81
一、赋值指令和运动控制指令 ··· 81
二、流程控制指令 ··· 83
三、I/O 控制指令 ··· 88
四、运算符和数学指令 ··· 90
五、工业机器人编程的一般步骤 ··· 93

项目实施 ··· 94
一、新建例行程序 ··· 94
二、添加简单的程序指令 ··· 95

学习效果测评 ··· 99
项目总结与反馈 ··· 100

项目六　编写与调试曲线运动轨迹程序 ··· 101

项目工单——了解曲线运动轨迹的编程方法 ····································· 103
一、思维导图 ··· 103
二、小组分工 ··· 103
三、制订计划 ··· 104
四、成长记录 ··· 104

知识准备 ··· 105
一、工业机器人曲线运动轨迹的特点 ··· 105
二、工业机器人曲线运动轨迹的基本编程思路 ································· 105

项目实施 ··· 107
一、搭建工业机器人仿真工作站 ··· 107
二、编写与调试工业机器人曲线运动轨迹程序 ································· 110

学习效果测评 ··· 114
项目总结与反馈 ··· 115

项目七　编写与调试搬运程序 ·· 117

项目工单——认识搬运机器人 ·· 119
- 一、思维导图 ·· 119
- 二、小组分工 ·· 119
- 三、制订计划 ·· 120
- 四、成长记录 ·· 120

知识准备 ·· 121
- 一、搬运机器人的特点 ·· 121
- 二、搬运机器人的基本编程思路 ·································· 121

项目实施 ·· 123
- 一、搭建搬运机器人仿真工作站 ·································· 123
- 二、编写与调试工业机器人搬运程序 ······························ 132

学习效果测评 ·· 136
项目总结与反馈 ·· 137

项目八　编写与调试自动喷涂程序 ···································· 139

项目工单——认识喷涂机器人 ·· 141
- 一、思维导图 ·· 141
- 二、小组分工 ·· 141
- 三、制订计划 ·· 142
- 四、成长记录 ·· 142

知识准备 ·· 143
- 一、喷涂机器人的特点 ·· 143
- 二、喷涂机器人的基本编程思路 ·································· 144

项目实施 ·· 146
- 一、搭建喷涂机器人仿真工作站 ·································· 146
- 二、编写与调试工业机器人自动喷涂程序 ·························· 152

学习效果测评 ·· 157
项目总结与反馈 ·· 158

项目九　编写与调试装配程序 ·· 159

项目工单——认识装配机器人 ·· 161
- 一、思维导图 ·· 161
- 二、小组分工 ·· 161
- 三、制订计划 ·· 162
- 四、成长记录 ·· 162

知识准备 ……………………………………………………………………………… **163**
　一、装配机器人的特点 …………………………………………………………… 163
　二、装配机器人的基本编程思路 ………………………………………………… 163
项目实施 ……………………………………………………………………………… **165**
　一、搭建装配机器人仿真工作站 ………………………………………………… 165
　二、编写与调试工业机器人装配程序 …………………………………………… 178
学习效果测评 ………………………………………………………………………… **184**
项目总结与反馈 ……………………………………………………………………… **185**

参考文献 …………………………………………………………………………… **186**

项目一
认识工业机器人及其仿真软件

项目导读

制造业是国家经济发展的重要支柱，是立国之本、强国之基，而智能制造是制造业发展的必经之路。目前，我国制造业的转型势在必行，而工业机器人是实现制造业由传统向智能化生产转型的关键装备。近年来，随着各项普惠政策和保障制度的落地，我国已成为世界上最大的工业机器人消费国。

本项目将带领大家初步认识工业机器人及其仿真软件——RobotStudio。

学习目标

知识目标

- 了解工业机器人的发展、分类和应用。
- 熟悉工业机器人的机械系统、控制系统和传感检测系统。
- 熟悉工业机器人的技术参数。
- 了解 RobotStudio 软件。

技能目标

- 能够完成 RobotStudio 软件的安装，并熟悉其界面。
- 能够创建一个简单的工业机器人系统。

素质目标

- 树立技能成才、技能报国的人生理想。
- 养成勤学上进、科学严谨的工作作风。

项目一　认识工业机器人及其仿真软件

项目工单——认识工业机器人及其仿真软件

一、思维导图

思维导图（见图1-1）可清晰地描绘出本项目需要学习的要点。请学生根据思维导图预习相关知识，以便更有针对性地学习。

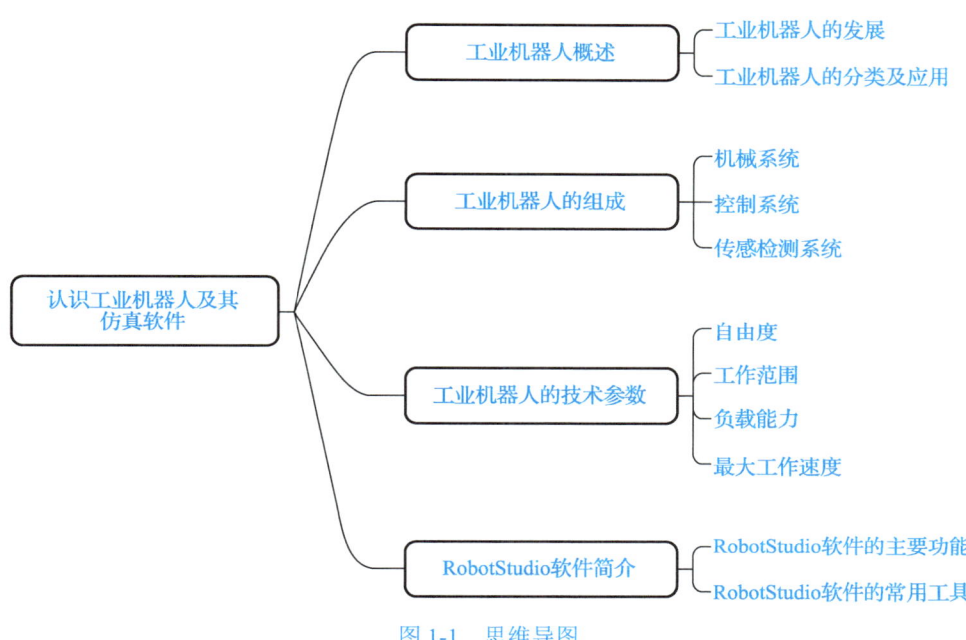

图1-1　思维导图

二、小组分工

以3~5人为一组，选出组长并进行小组分工，将小组概况及分工填入表1-1中。

表1-1　小组概况及分工

班级		组号		指导教师	
小组成员	姓名	学号	小组分工		
组长					
组员					

3

三、制订计划

根据小组分工，查阅相关资料，了解工业机器人、RobotStudio 软件等知识，制订工作计划，并将其填入表 1-2 中。

表 1-2　工作计划

步骤	工作内容	负责人

四、成长记录

学习本项目后，学生可以通过截图、录视频、保存系统文件的方式记录自己的项目实施成果。在表 1-3 中，可以展示自己的项目实施成果，也可以将项目实施过程中遗漏的要点、遇到的问题和解决方法记录下来。

表 1-3　成长记录表

（可以将项目实施成果展示在此处；也可以在此处记录项目实施过程中遗漏的要点、遇到的问题和解决方法等）

项目一　认识工业机器人及其仿真软件

知识准备

一、工业机器人概述

进入 21 世纪后，科学技术日新月异，生产力水平不断提高，制造业也逐步从电气化、自动化向智能化过渡。我国在"十四五"规划和 2035 年远景目标纲要中明确提出要推动制造业优化升级，这将为工业机器人行业带来新的发展机遇。

在智能化制造业领域中，生产过程通常具有灵活性高、可操作性强和精度高等特点，而工业机器人在高度自动化、烦琐化的生产中具有得天独厚的优势。工业机器人可通过多自由度的关节进行灵活多样的运动，结合复杂的程序控制逻辑和顶层的优化管理策略，使工业机器人在高强度的生产过程中，实现节能降耗、成本管控、生产增效、产品保质的最终目的。

（一）工业机器人的发展

随着工业革命持续深入，近代真正意义上的工业机器人从诞生到发展成熟经历了概念阶段、初级阶段、发展阶段、成熟阶段 4 个典型阶段。

1. 概念阶段

"机器人"一词最早是欧洲著名作家恰佩克在其一部剧作中提出的，他形象地将机器人描绘为一台不辞辛劳的机器。

1954 年，德沃尔系统地提出了"工业机器人"的概念，并申请了相关专利。他将工业机器人定义为一种能够通过人类操作员进行初步编程（示教），随后能够自主重复执行这些预设任务（再现）的机器。

知识链接

我国国家标准 GB/T 12643—2013《机器人与机器人装备 词汇》中对工业机器人的定义为"自动控制的、可重复编程、多用途的操作机，可对三个或三个以上轴进行编程。它可以是固定式或移动式。在工业自动化中使用。"

2. 初级阶段

工业机器人专利的申请加速了国际上对这种新产品的研发速度。1958 年，第一台工业机器人概念机 APA（automatic programmed apparatus）诞生，它主要用于数控加工。1959 年，德沃尔与英格伯格联手制造出世界上第一台工业机器人——Unimate 机器人，如图 1-2 所示。Unimate 机器人在当年开始批量化生产，并迅速推向市场。

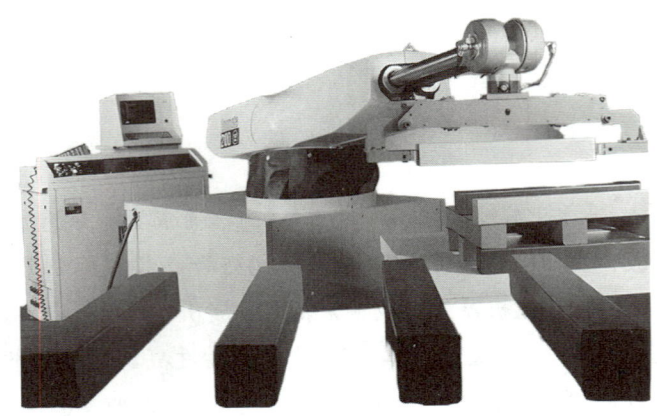

图 1-2　Unimate 机器人

3. 发展阶段

20 世纪六七十年代，为缓解人口老龄化问题，日本从美国引进工业机器人生产线开始批量生产，并着手研发具有自主知识产权的新型工业机器人。

随后，为扩大工业机器人产销市场，占领该技术领域的新高地，美国、欧洲各国、日本相继成立与工业机器人相关的政府或行业联合会，自此开始了工业机器人发展的新纪元，工业机器人得到迅速推广和普及。

4. 成熟阶段

进入 21 世纪，特别是近十年来，随着传感器技术、人工智能技术、自动控制技术的极大进步，工业机器人开始从自动化向智能化转型。工业机器人通过智能控制系统，具备了自我感知、自我学习和自我决策的能力，这不仅极大地提升了工业生产的效率与质量，还深刻地改变了制造业的面貌。

在各种利好政策的加持下，我国也开始加速布局工业机器人的研发和制造，并在许多智能化的工业机器人技术方面实现了弯道超车。

（二）工业机器人的分类及应用

工业机器人可按应用场景、操作机的坐标、机械结构、负载形式、自由度等进行分类。其中，工业机器人按照其应用场景的不同，主要可分为以下几类。

（1）焊接机器人。焊接机器人（见图 1-3）广泛应用于制造业。在汽车、航空航天、船舶等生产制造领域，焊接机器人的应用极大地提高了焊接质量和焊接效率。

（2）搬运和码垛机器人。搬运和码垛机器人（见图 1-4）主要应用于需要大量人力参与的行业，如物流、仓储等行业。通过配备智能化传感检测系统，搬运和码垛机器人可以完成各种复杂场合下的搬运和码垛工作。

（3）装配机器人。装配机器人的出现很大程度上缓解了国内制造业人力短缺的问题，特别是在电子元器件、汽车零部件、精密仪器仪表等的装配中，装配机器人的应用极大地提高了装配效率，减小了装配误差。

项目一　认识工业机器人及其仿真软件

图 1-3　焊接机器人

图 1-4　搬运和码垛机器人

知识链接

> 工业机器人四大家族分别是 ABB、发那科（FANUC）、库卡（KUKA）和安川机电（YASKAWA），它们占据全球超过一半的市场份额。

二、工业机器人的组成

工业机器人主要由机械系统、控制系统和传感检测系统等组成。

（一）机械系统

机械系统是工业机器人的基础部分，也是完成各种作业的实体。工业机器人的机械系统主要由执行机构、传动机构和驱动器等组成。

1. 执行机构

工业机器人的执行机构主要包括机座、腰部、臂部（包括上臂和下臂）、腕部和末端执行器等部分，如图 1-5 所示。其中，末端执行器又称为手部，它通过法兰盘安装于腕部前端，与工件直接接触。根据工业机器人用途的不同，末端执行器又可分为夹持式、吸附式和专用工具三类，如图 1-6 所示。

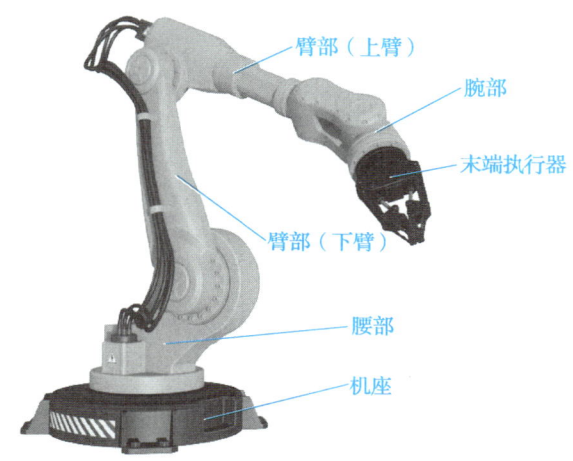

图 1-5　工业机器人的执行机构

7

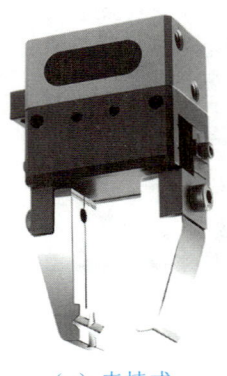 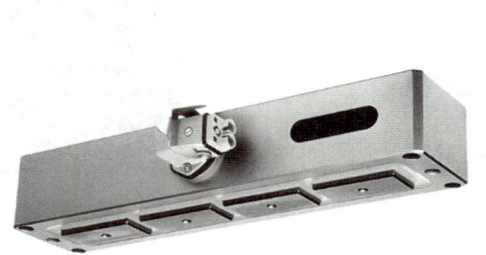 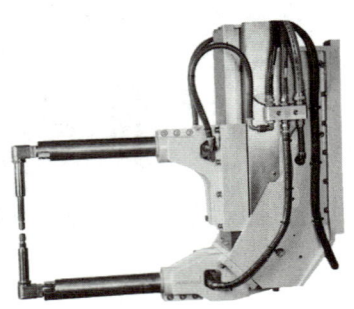

(a) 夹持式　　　　　　　　(b) 吸附式　　　　　　　(c) 专用工具（柔性焊枪）

图 1-6　末端执行器

2. 传动机构

工业机器人的传动机构可传递驱动器产生的机械能，实现工业机器人各执行机构（如腕部、末端执行器）的运动。传动机构的运动形式有线性运动和关节运动两种。如表 1-4 所示为传动机构的运动形式与常用传动机构。

表 1-4　传动机构的运动形式与常用传动机构

运动形式	常用传动机构
线性运动（直线运动）	移动导轨
	丝杠
关节运动（曲线运动或旋转运动）	谐波减速器
	RV 减速器
	摆线针轮式传动机构
	同步带

知识链接

目前，工业机器人关节处广泛采用的传动机构是谐波减速器和 RV 减速器，这两种减速器具有传动链短、体积小、效率高、质量轻和易于控制等优点。谐波减速器一般安装在工业机器人上臂、腕部、末端执行器等轻负载位置；RV 减速器一般安装在工业机器人机座、腰部、下臂等重负载位置。

3. 驱动器

工业机器人的驱动器可将其他形式的能转换为机械能，为执行机构和传动机构提供动力，使它们产生相应的动作。驱动器的驱动方式主要有电动驱动、液压驱动、气压驱动三种。如表 1-5 所示为三种驱动方式的特点、应用及常用驱动器。

表 1-5　三种驱动方式的特点、应用及常用驱动器

驱动方式	特点	应用	常用驱动器
电动驱动	功率大、响应速度快、控制灵活、精度高、噪声小	高性能机器人	步进电动机
			直流伺服电动机
			交流伺服电动机
液压驱动	功率大、结构紧凑、精度高，但制造成本较高	中、小型机器人及重载机器人	液压缸
			液压马达
气压驱动	洁净无污染、动作灵敏，但功率小、精度较低、噪声大	中、小型机器人	气压缸
			气压马达

头脑风暴

目前，工业机器人驱动器的驱动方式以电动驱动为主。与液压驱动和气压驱动相比，电动驱动的优势是什么？

（二）控制系统

控制系统是工业机器人的核心部分，是决定工业机器人动作及性能的主要因素。下面主要介绍工业机器人控制系统的组成、控制方式和功能。

1. 控制系统的组成

工业机器人的控制系统主要由以下四部分组成。

（1）计算机：工业机器人的控制中心，主要由硬件和软件两部分组成。其中，硬件包含 CPU（如单片机、工控机、PLC 等）及相关电路，软件包含系统软件和应用软件。

（2）接口电路：可用于计算机和外围设备的数据传输、机械设备和电气设备之间的连接、强电和弱电之间的交互等。

（3）操作中心：又称为操作台或操作面板，上面有控制按键和状态指示灯，可用于一些基本的操作。

（4）示教器：一种手持式操作装置，工业机器人的操作基本上是通过示教器来完成的，如图 1-7 所示。

2. 控制系统的控制方式

根据适用场景或控制对象的不同，工业机器人控制系统的控制方式可分为以下 4 种类型。

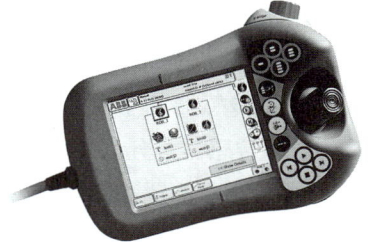

图 1-7　示教器

（1）点位控制：工业机器人最主要的控制方式，应用领域较为广泛。这种控制方式通过末端执行器作用于目标点处，从而实现精准的位姿控制，以完成预设的操作任务。点位控制操作简单、精度高，不需要对过程有严格的要求，但会受到作业环境的限制。点位控制常用于装配、搬运和焊接（点焊）等应用场合。

（2）连续轨迹控制：工业机器人各关节按照确定的速度和方向同时协调运动，即以预先设定的轨迹进行连续运动。连续轨迹控制具有较高的复杂度、精度、灵活性和运动自由度，主要应用于需要工业机器人做连续运动的场合，如喷涂、切割等。

（3）力（力矩）控制：工业机器人通过加装特殊的传感器（如力觉传感器、触觉传感器等）实现对物体的控制，它主要以工作部件的受力反馈为主要控制对象，对传感器的精度、灵敏度要求较高。力（力矩）控制的发展趋势是以人的力觉和触觉为参照对象。力（力矩）控制主要适用于高精度加工领域。

（4）智能控制：随着人工智能、大数据和深度学习算法等技术的发展，工业机器人智能控制技术也随之发展。加装了智能传感器的工业机器人能够快速适应环境的变化，并做出相应的控制，且拥有学习能力。

3. 控制系统的功能

工业机器人控制系统主要有以下功能。

（1）程序存储功能：用于存储预先设定的运动路径、运动方式、运动顺序等工作参数和数据。

（2）示教再现功能：通过示教器完成工业机器人运动控制。

（3）通信功能：通过 I/O 接口实现对外围设备的读写控制。

（4）伺服控制功能：通过不同的控制原理实现对工业机器人位置、速度等的精确控制。

（5）故障诊断、预警和保护功能：通过配备的检测系统和传感器，实现对各种类型故障的诊断、预警，并进行自我保护动作。

（三）传感检测系统

传感检测系统是工业机器人的"感觉器官"，其核心元器件为传感器。工业机器人的传感器具有精度高、重复性好、稳定性好、可靠性高、抗干扰能力强、重量轻、体积小等特点。工业机器人常用的传感器可分为内部传感器和外部传感器两种类型。

1. 内部传感器

内部传感器的主要作用是保证机械系统的正常运行、检测运行状态和反馈控制参数等。内部传感器可分为规定位置和角度类型的传感器、任意位置和角度类型的传感器两种。

（1）规定位置和角度类型的传感器采用开关状态量（或高低电平）检测预先设定的目标位置和角度，如光电开关、限位开关等。

（2）任意位置和角度类型的传感器用于检测工业机器人线性运动或关节运动任意点的位置、角度和速度，如光栅传感器、旋转编码器、加速度传感器等。

2. 外部传感器

外部传感器的主要作用是采集工作对象和外部环境的变量信息，以作为控制输出反馈的依据。外部传感器主要有视觉传感器、力觉传感器和触觉传感器等。

（1）视觉传感器是利用光学元件和成像装置获取外界图像信息的仪器，可用于装配、搬运等应用场合。如图 1-8 所示为加装视觉传感器的工业机器人。

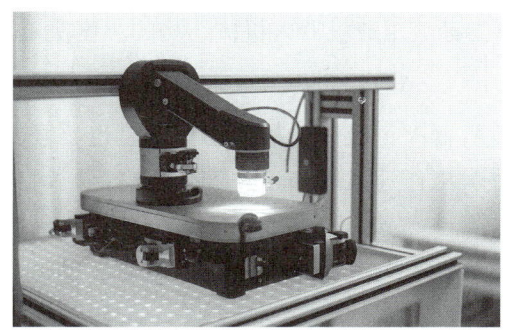

图 1-8　加装视觉传感器的工业机器人

（2）力觉传感器是用来检测工业机器人臂部、腕部、末端执行器所产生的力或其所受反力的传感器。工业机器人在进行装配、搬运等作业时，力觉传感器可以实时监测外部载荷，并进行力（力矩）控制，防止工业机器人的臂部、腕部、末端执行器因载荷过大或与周围障碍物碰撞而引起损坏。

（3）触觉传感器是通过接触、压迫等模仿人触觉功能的传感器，触觉传感器主要有接触觉传感器、滑觉传感器和压觉传感器等类型。

三、工业机器人的技术参数

工业机器人的工作过程是一种较为复杂的自由运动，涉及的技术参数很多，主要技术参数包括自由度、工作范围、负载能力和最大工作速度等。

（一）自由度

工业机器人能够独立运行的关节数目或独立坐标轴的数目称为自由度。自由度的数目一般为 3~6 个，自由度的数目越多，工业机器人越灵活。平面作业的工业机器人只需要 3 个自由度，任意位置作业的工业机器人一般需要 6 个自由度。

（二）工作范围

工作范围是指工业机器人末端执行器所能触及的所有空间位置的集合或区域。工作范围由自由度、关节配置、关节类型等所决定，其形状和大小是工业机器人的重要指标。如图 1-9 所示为 ABB IRB 2600 型工业机器人的工作范围。

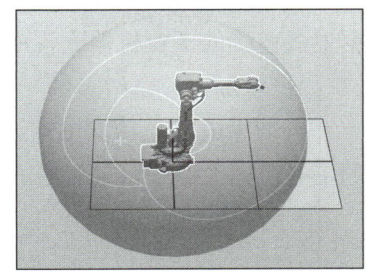

图 1-9　ABB IRB 2600 型工业机器人的工作范围

（三）负载能力

负载能力是指工业机器人工作过程中所能携带的最大负载，它是衡量工业机器人工作能力和适用范围的重要指标。工业机器人机械结构的强度决定了其负载能力。

（四）最大工作速度

不同应用领域的工业机器人，设计的最大工作速度也不同。最大工作速度需要保证工业机器人的稳定性。最大工作速度越快，生产效率越高，对伺服电动机和减速器的性能要求也越高。

四、RobotStudio 软件简介

RobotStudio 软件是一款由 ABB 公司开发的工业机器人编程和仿真软件。RobotStudio 软件功能强大，可提供各种工具，借助这些工具，工业机器人可在不影响生产的前提下完成编程、测试和优化等任务。

（一）RobotStudio 软件的主要功能

RobotStudio 软件的主要功能包括 CAD 导入功能、自动生成路径功能、自动分析功能、碰撞检测功能和路径优化功能。

1. CAD 导入功能

RobotStudio 软件可方便地导入各种主流的 CAD 格式文件。用户可使用此类模型数据生成精确的工业机器人程序，从而提高产品质量。

2. 自动生成路径功能

自动生成路径功能可通过使用待加工部件的 CAD 模型，在短时间内自动生成所需要的工业机器人路径。这是 RobotStudio 软件节省时间的关键功能之一。

3. 自动分析功能

自动分析功能可自动进行可到达性分析，用户可通过该功能调整工业机器人或工件的位置，直到确保所有目标位置均可到达。该功能可在短时间内完成工作单元平面布局的验证和优化。

4. 碰撞检测功能

碰撞检测功能可验证与确认工业机器人在运动过程中是否会与周边设备发生碰撞，确保工业机器人离线编程所得程序的可用性。

5. 路径优化功能

路径优化功能可对末端执行器的速度、加速度等参数进行优化，使工业机器人按照最有效的路径运动。

（二）RobotStudio 软件的常用工具

RobotStudio 软件的常用工具包括虚拟示教器、程序编辑器和事件管理器。

1. 虚拟示教器

虚拟示教器是实际示教器的图形显示，其核心技术是 VirtualRobot（虚拟机器人）技术。从本质上讲，所有可以在实际示教器上进行的工作都可以在虚拟示教器上完成。

2. 程序编辑器

用户能够利用程序编辑器在 Windows 环境中离线开发、优化或维护工业机器人程序。利用程序编辑器可显著缩短编程时间。

3. 事件管理器

事件管理器是一种用于验证程序结构与程序逻辑的理想工具。在程序执行期间，用户可通过该工具直接观察工作单元的 I/O 状态。

> **知识链接**
>
> 一些大型工业机器人生产企业会针对自有产品开发专门的编程和仿真软件，如发那科的 ROBOGUIDE 软件、埃夫特的 ER_Factory 软件等；也有一些企业会采用通用的编程和仿真软件，如 Gazebo、RViz 软件；中小型的工业机器人企业则常采用 PLC 编程软件。

砥节砺行

新型技能人才加速拥抱"智能+技能"

2024 年 6 月 24 日，在重庆举行的第二届"一带一路"国际技能大赛上，除一批传统比赛项目外，还设置了汽车技术（新能源）、工业机器人系统操作等一系列新兴领域比赛项目。这些比赛项目备受关注，它们与智能时代产业变革方向相契合，折射出新型技能人才加速拥抱"智能+技能"。

在本届大赛工业机器人系统操作项目的现场，选手需要进行工业机器人的调试及操作，精准"指挥"工业机器人完成搬运、抓取、缺陷检测等流程。该项目技术专家组成员邱庆介绍，项目融合了多项前沿技术，考核选手对整个系统平台的综合把控能力，对选手要求较高。

近年来，随着智能制造、数字化生产浪潮兴起，各行业对"智能+技能"人才的需求愈发旺盛。重庆驰骋轻型汽车部件股份有限公司部署了150余台工业机器人，并招聘了10余名工业机器人运维师。"我们通过对工业机器人进行运维、保养及编程等，支持工厂实现智能制造。"该公司自动化运维主管说。

技能人才正加速向"智能+技能"转变，有力地支撑了经济高质量发展，也为越来越多的制造工厂赋能。

（资料来源：黄兴，《新型技能人才加速拥抱"智能+技能"——第二届"一带一路"国际技能大赛现场见闻》，新华网，2024年6月25日）

项目实施

一、安装 RobotStudio 软件

RobotStudio 软件的安装步骤如下。

步骤 1▶ RobotStudio 软件下载完毕后，对压缩包进行解压。打开解压后的文件夹，双击"setup.exe"程序安装图标，如图 1-10 所示。

步骤 2▶ 在弹出的安装向导对话框中，选择"中文（简体）"，然后单击"确定"按钮，如图 1-11 所示。

安装 RobotStudio 软件

图 1-10 程序安装图标

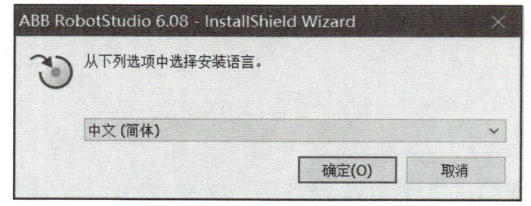

图 1-11 选择"中文（简体）"

步骤 3▶ 进入"欢迎使用 ABB RobotStudio 6.08 InstallShield Wizard"界面后，单击"下一步"按钮，如图 1-12 所示。

步骤 4▶ 进入"许可证协议"界面后，选择"我接受该许可证协议中的条款"，单击"下一步"按钮，如图 1-13 所示。

步骤 5▶ 进入"隐私声明"界面后，单击"接受"按钮，如图 1-14 所示。

步骤 6▶ 进入"目的地文件夹"界面后，可以单击"更改"按钮更改安装地址，建议采用默认路径。安装地址设置完毕后，单击"下一步"按钮，如图 1-15 所示。

项目一　认识工业机器人及其仿真软件

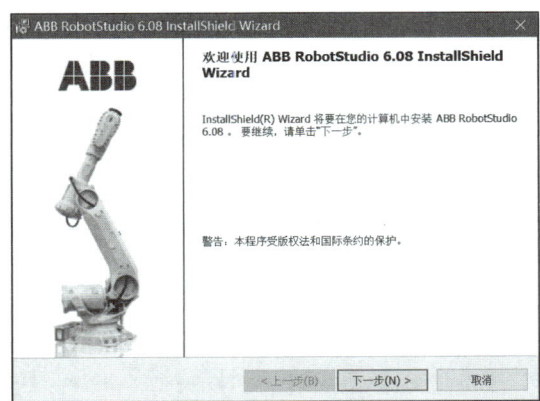

图1-12　"欢迎使用ABB RobotStudio 6.08 InstallShield Wizard"界面

图1-13　"许可证协议"界面

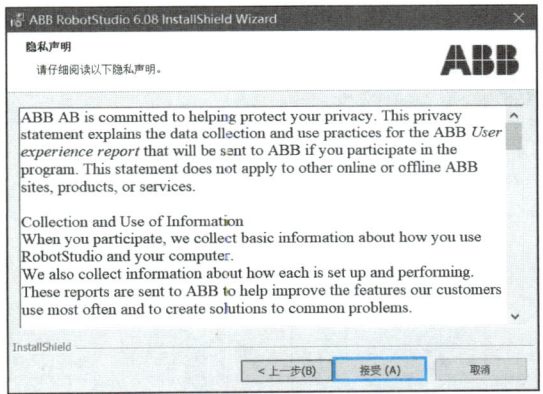

图1-14　"隐私声明"界面

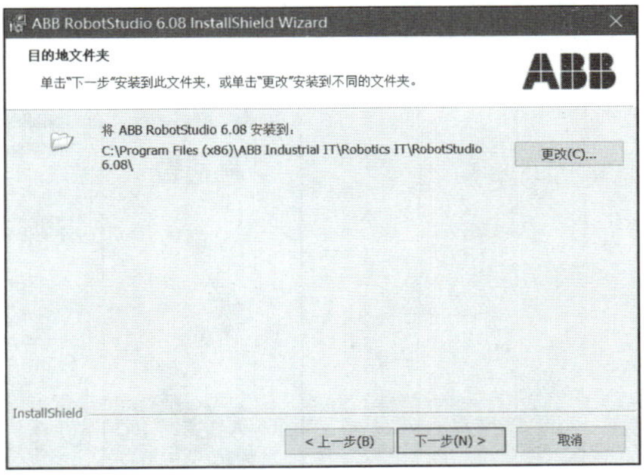

图1-15　"目的地文件夹"界面

步骤7▶ 进入"安装类型"界面后，选择"完整安装"，然后单击"下一步"按钮，如图1-16所示。

步骤8▶ 进入"已做好安装程序的准备"界面后，单击"安装"按钮，程序开始安装，如图1-17所示。

小提示

"完整安装"可运行RobotStudio软件的所有功能。选择此安装类型，可以使用基本版和高级版的所有功能。

若在64位操作系统的计算机上，选择"完整安装"，将同时安装RobotStudio软件的64位版本和32位版本。由于64位版本比32位版本的内存寻址能力更强，因此64位版本可以导入更大的CAD模型。

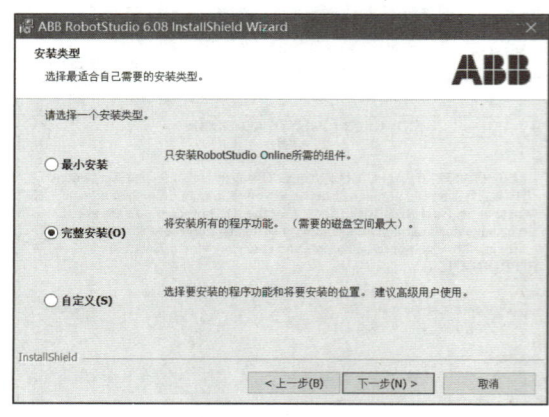
图 1-16 "安装类型"界面
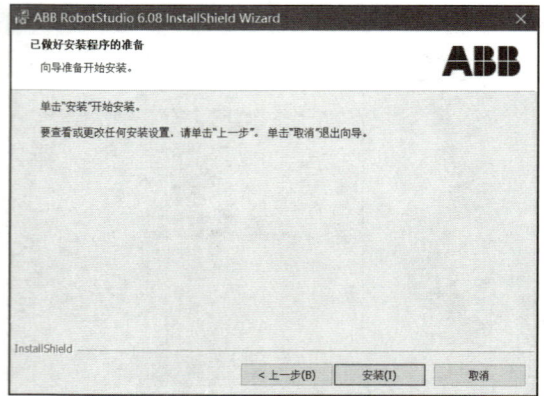
图 1-17 "已做好安装程序的准备"界面

步骤 9 ▶ 安装完毕后，可进入"InstallShield Wizard 完成"界面，单击"完成"按钮，即可退出安装向导对话框，如图 1-18 所示。

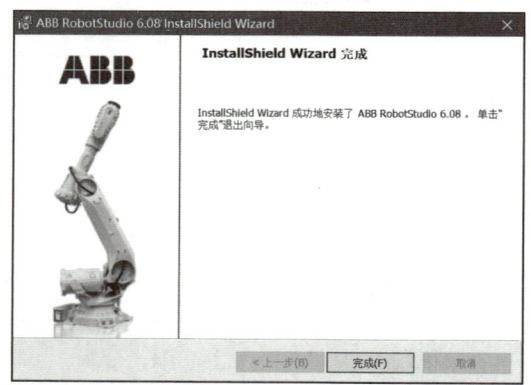
图 1-18 "InstallShield Wizard 完成"界面

二、创建简单的工业机器人系统

创建简单的工业机器人系统的具体步骤如下。

步骤 1 ▶ 双击"RobotStudio 6.08"图标，启动软件。选择"文件"→"新建"→"空工作站"选项，单击"创建"按钮，即可创建一个空工作站，如图 1-19 所示。

知识链接

RobotStudio 软件初始界面的上方是功能区，主要有文件、基本、建模、仿真、控制器、RAPID、Add-Ins 等 7 个选项卡。

（1）文件：主要显示工作站的后台信息和用户选项。

（2）基本：主要用于创建工作站、创建系统、编辑路径等，包括建立工作站、路径编程、设置、控制器、Freehand、图形等面板。

（3）建模：主要用于创建组件及分组组件、创建部件、测量，以及进行与CAD相关的操作，包括创建、CAD操作、测量、Freehand、机械等面板。

（4）仿真：主要用于仿真过程的配置、控制、监控等，包括碰撞监控、配置、仿真控制、监控、信号分析器、录制短片等面板。

（5）控制器：主要用于真实控制器的管理，以及虚拟控制器的同步、配置和任务分配等，包括进入、控制器工具、配置、虚拟控制器、传送等面板。

（6）RAPID：主要用于创建、编辑和管理RAPID程序，包括进入、编辑、插入、查找、控制器、测试和调试、路径编辑器等面板。

（7）Add-Ins：提供了PowerPacs的相关控件，包括社区、RobotWare、齿轮箱热量预测等面板。

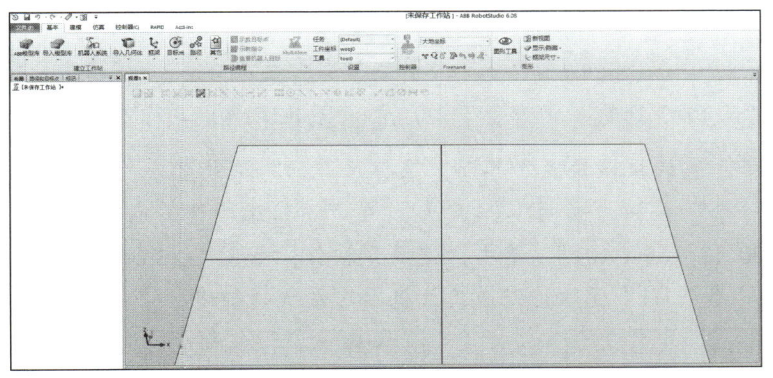

创建简单的
工业机器人系统

图 1-19　创建一个空工作站

步骤2 ▶ 选择"基本"→"ABB 模型库"→"IRB 2600"选项，如图1-20所示。在弹出的"IRB 2600"对话框中，"容量"和"到达"保持默认值，单击"确定"按钮，如图1-21所示，即可完成工业机器人的导入。滚动鼠标滚轮，可对视图界面进行缩放。

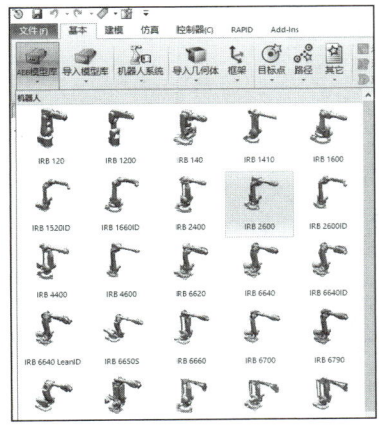

图 1-20　选择"IRB 2600"选项

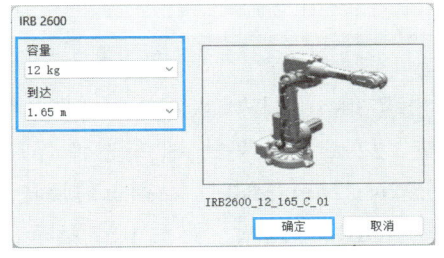

图 1-21　"IRB 2600"对话框

步骤 3 ▶ 选择"基本"→"机器人系统"→"从布局"选项，根据已有布局创建工业机器人系统，如图 1-22 所示。在弹出的"从布局创建系统"对话框中，输入名称和位置（注意位置路径中不能出现中文），单击"下一个"按钮，如图 1-23 所示。

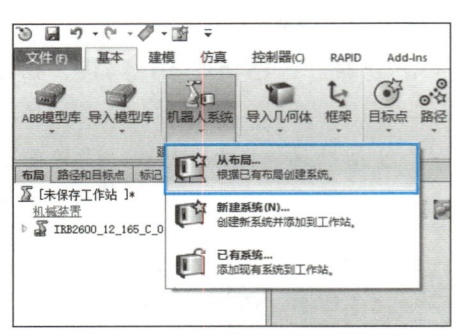

图 1-22 选择"从布局"选项

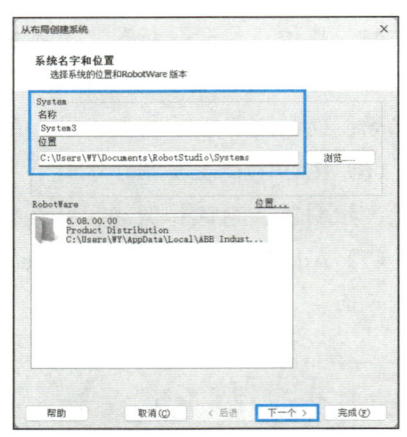

图 1-23 输入名称和位置

步骤 4 ▶ 在"选择系统的机械装置"界面，选择系统的机械装置为"IRB2600_12_165_C_01"，单击"下一个"按钮，如图 1-24 所示。在"系统选项"界面，选择任务框架对齐对象为"IRB2600_12_165_C_01"，单击"完成"按钮，如图 1-25 所示。等待软件界面右下角的"控制器状态：1/1"变绿，完成工业机器人系统的创建。

图 1-24 选择系统的机械装置

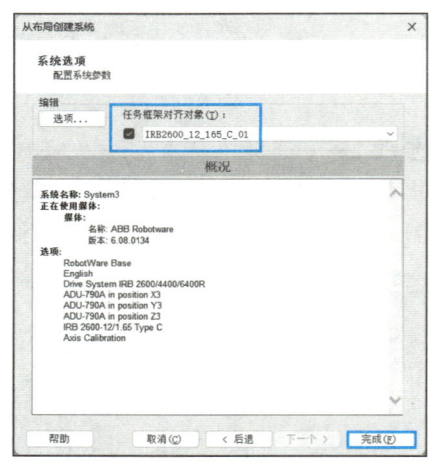

图 1-25 选择任务框架对齐对象

步骤 5 ▶ 选择"基本"→"导入模型库"→"设备"→"工具"→"Tregaskiss AS-306-44-3 22 de_rev0"选项，选择焊枪，如图 1-26 所示。在"布局"窗口，右击"Tregaskiss22deg_rev0"，在弹出的快捷菜单中，选择"安装到"→"IRB2600_12_165_C_01（T_ROB1）"选项，如图 1-27 所示。在弹出的"更新位置"对话框中，单击"是"按钮，完成焊枪的安装。

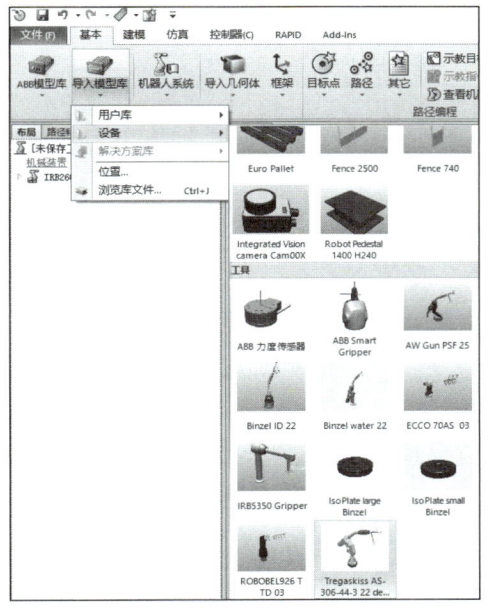
图 1-26　选择焊枪

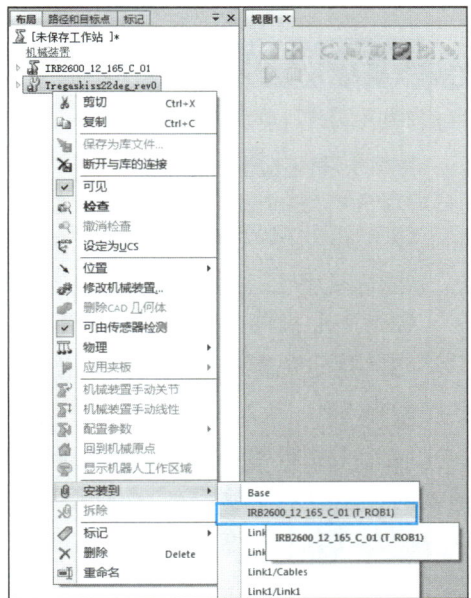
图 1-27　安装焊枪

至此，便完成一个简单的 IRB 2600 型焊接工业机器人系统的创建，如图 1-28 所示。

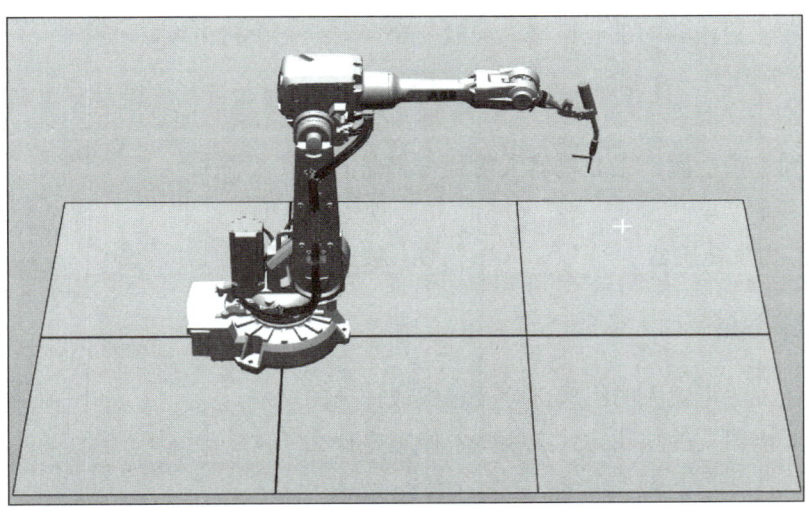
图 1-28　IRB 2600 型焊接工业机器人系统

学习效果测评

一、填空题

（1）工业机器人的执行机构主要包括_____、_____、_____、_____和_____等部分。

（2）工业机器人的驱动器主要为_____和_____提供动力。

（3）规定位置和角度类型的传感器采用_____检测预先设定的目标位置和角度。

（4）工业机器人的最大工作速度越快，生产效率越_____，对伺服电动机和减速器的性能要求也越_____。

二、选择题

（1）下列选项中属于电动驱动方式的驱动器的是（　　）。
  A．液压缸　　　　　　　　B．气压缸
  C．步进电动机　　　　　　D．气压马达

（2）任意位置作业的工业机器人一般需要（　　）个自由度。
  A．3　　　　　　　　　　B．4
  C．5　　　　　　　　　　D．6

（3）下列选项中属于工业机器人内部传感器的是（　　）。
  A．旋转编码器　　　　　　B．视觉传感器
  C．力觉传感器　　　　　　D．触觉传感器

三、简答题

（1）简述工业机器人的组成部分及各组成部分的功能。

（2）工业机器人的控制方式有哪些？原理是什么？

项目总结与反馈

指导教师根据学生的实际学习情况进行评价，学生配合指导教师共同完成如表 1-6 所示的学习成果评价表。

表 1-6　学习成果评价表

班级		组号		日期	
姓名		学号		指导教师	
评价项目	评价内容			满分/分	评分/分
知识（30%）	了解工业机器人的发展、分类和应用			5	
	熟悉工业机器人的机械系统、控制系统和传感检测系统			15	
	熟悉工业机器人的技术参数			5	
	了解 RobotStudio 软件			5	
技能（50%）	能够完成 RobotStudio 软件的安装，并熟悉其界面			25	
	能够创建一个简单的工业机器人系统			25	
素质（20%）	积极参加教学活动，主动学习、思考、讨论			5	
	认真负责，按时完成学习、训练任务			5	
	团结协作，组员之间能够密切配合			5	
	服从指挥，遵守课堂纪律			5	
合计				100	
自我评价					
指导教师评价					

项目二
了解工业机器人的基本操作

项目导读

工业机器人凭借智能化水平高、生产效率高、安全性好、管理便捷、经济效益显著等优势，在现代制造业中起着十分重要的作用。工业机器人不仅可以缓解劳动力短缺和人力成本攀升等问题，还能够大幅缩短生产周期，提高生产效率和产品质量。工业机器人的功能全面，但操作相对复杂。

本项目将带领大家了解和学习工业机器人的基本操作，为后面项目的学习打下坚实的基础。

学习目标

知识目标

- 熟悉示教器的结构。
- 掌握示教器的手持方法。
- 掌握示教器的基本设置。

技能目标

- 能够使用示教器手动操纵工业机器人做单轴运动、线性运动和重定位运动。

素质目标

- 树立追求卓越、勇于拼搏的奋斗精神。
- 养成坚持不懈、刻苦钻研的职业作风。

项目二　了解工业机器人的基本操作

项目工单——了解工业机器人的基本操作

一、思维导图

思维导图（见图 2-1）可清晰地描绘出本项目需要学习的要点。请学生根据思维导图预习相关知识，以便更有针对性地学习。

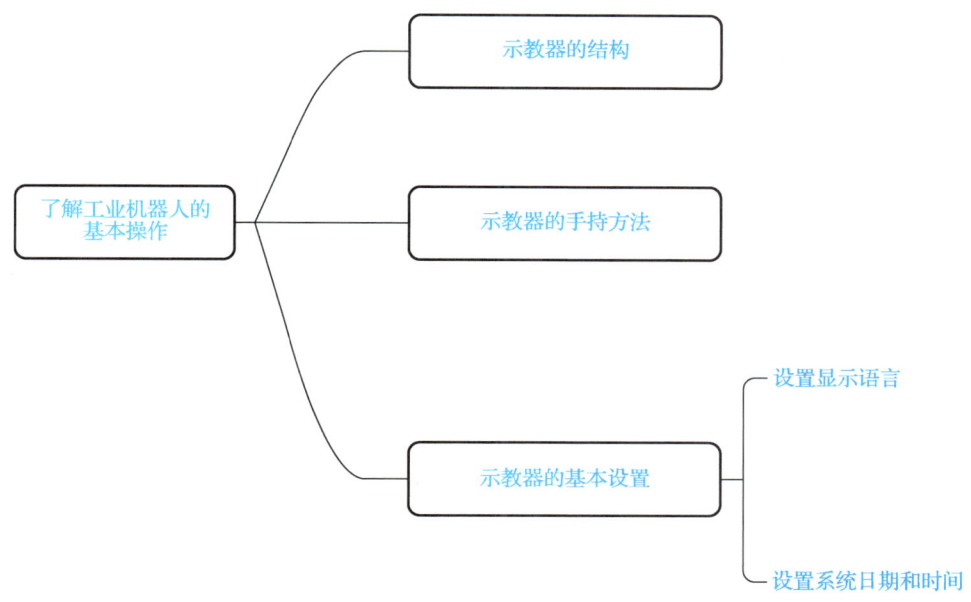

图 2-1　思维导图

二、小组分工

以 3～5 人为一组，选出组长并进行小组分工，将小组概况及分工填入表 2-1 中。

表 2-1　小组概况及分工

班级		组号		指导教师	
小组成员	姓名		学号	小组分工	
组长					
组员					

三、制订计划

根据小组分工，查阅相关资料，了解工业机器人的基本操作，制订工作计划，并将其填入表2-2中。

表2-2　工作计划

步骤	工作内容	负责人

四、成长记录

学习本项目后，学生可以通过截图、录视频、保存系统文件的方式记录自己的项目实施成果。在表2-3中，可以展示自己的项目实施成果，也可以将项目实施过程中遗漏的要点、遇到的问题和解决方法记录下来。

表2-3　成长记录表

（可以将项目实施成果展示在此处；也可以在此处记录项目实施过程中遗漏的要点、遇到的问题和解决方法等）

项目二 了解工业机器人的基本操作

知识准备

一、示教器的结构

示教器又称为示教编程器,是一种手持式操作装置。示教器可用于执行和操作许多与工业机器人系统有关的任务,如操纵工业机器人运动,编写、调试和运行工业机器人程序,设置、查询工业机器人状态等。

如图 2-2 所示,示教器主要由连接电缆、触摸屏、硬件按钮、急停按钮、使能器按钮和操纵杆等组成。

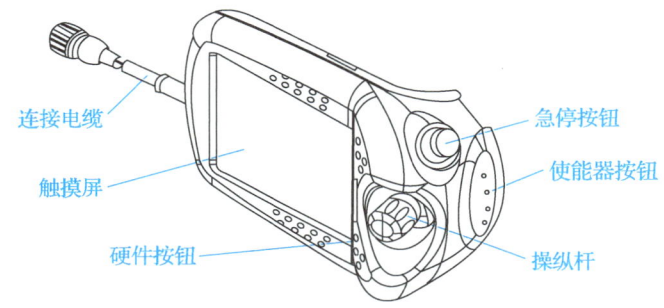

图 2-2 示教器的组成

示教器上的硬件按钮如图 2-3 所示,其功能如表 2-4 所示。

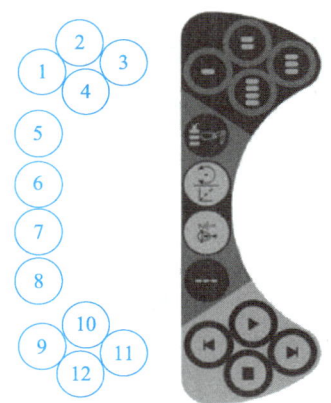

图 2-3 示教器上的硬件按钮

表 2-4 示教器硬件按钮的功能

序号	功能
1~4	可编程按钮,可由操作人员设置某些特定功能,以简化编程和测试
5	选择机械单元

表 2-4（续）

序号	功能
6	切换运动模式（重定位运动或线性运动）
7	切换运动关节轴（轴 1～3 或轴 4～6）
8	切换增量
9	步退（step backward）按钮，使程序后退一步
10	启动（start）按钮，开始执行程序
11	步进（step forward）按钮，使程序前进一步
12	停止（stop）按钮，停止执行程序

笔记

二、示教器的手持方法

操作示教器时，右利手者通常左手持设备，四指按在使能器按钮上，右手在触摸屏上操作，如图 2-4（a）所示；而左利手者可以将示教器旋转 180°，并在示教器的控制面板中单击"外观"按钮，设置屏幕的旋转方向，然后右手持设备，左手在触摸屏上操作，如图 2-4（b）所示。

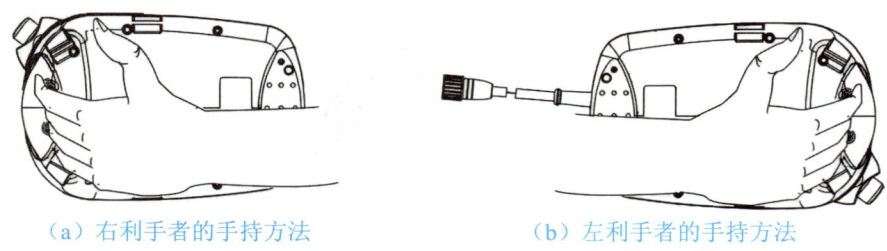

（a）右利手者的手持方法　　　　（b）左利手者的手持方法

图 2-4　示教器的手持方法

工业机器人示教器的使能器按钮是为保证操作人员人身安全而设置的。使能器按钮分为两挡，对应两种工作状态。

（1）在手动状态下，轻按使能器按钮，工业机器人将处于"电机开启"状态，如图 2-5 所示。此时可以对工业机器人进行手动操纵与程序调试。

（2）在手动状态下，松开或按紧使能器按钮，工业机器人将处于"防护装置停止"状态，如图 2-6 所示。当发生危险时，操作人员会本能地将使能器按钮松开或按紧，工业机器人会马上停下来，以保证人身安全。

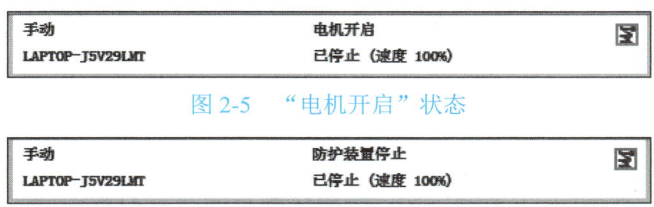

图 2-5 "电机开启"状态

图 2-6 "防护装置停止"状态

知识链接

PC 示教器也是目前市场上常见的工业机器人示教器，它需要配合电脑使用。PC 示教器通常由 PC 软件和控制盒两部分组成，通过 USB 或以太网线与电脑连接，并通过电脑软件控制工业机器人的运动。

PC 示教器具有更强的计算和存储能力，可以实现更为复杂的编程和控制。同时，PC 示教器还可以通过网络远程控制工业机器人，常用于大规模的、复杂的生产线。

三、示教器的基本设置

示教器是工业机器人与操作人员的交互接口，下面将简单介绍示教器的基本设置。

（一）设置显示语言

ABB 工业机器人示教器默认的显示语言是英文，为了方便阅读和操作，可将显示语言设置为中文，具体操作步骤如下。

步骤 1▶ 创建一个简单的工业机器人系统。在 RobotStudio 软件的"控制器"选项卡中，单击"示教器"按钮。在弹出的虚拟示教器中，单击"控制面板"按钮，然后将"Auto"模式（自动模式）切换为"Manual"模式（手动模式），如图 2-7 所示。

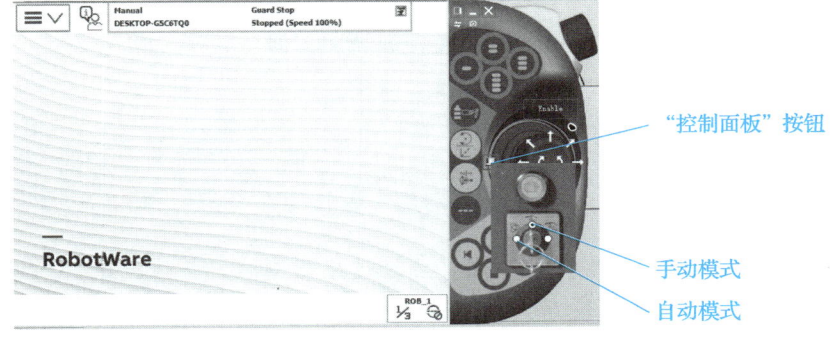

图 2-7 切换"Manual"模式（手动模式）

步骤2▶ 单击左上角的"主菜单"按钮,选择"Control Panel"→"Language"→"Chinese"选项,单击"OK"按钮。在弹出的提示对话框中,单击"Yes"按钮,系统将会重启,显示语言设置成功,如图2-8所示。

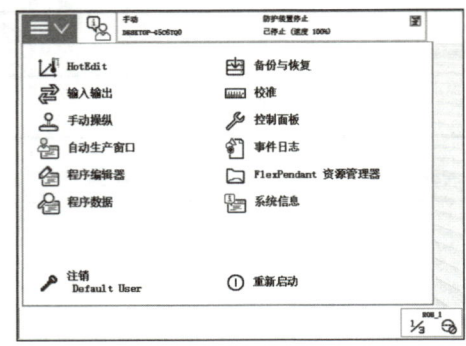

图2-8 显示语言设置成功

(二)设置系统日期和时间

为方便管理文件和查阅故障,在进行各种操作之前需要将工业机器人的系统日期和时间设置为本时区的时间,具体操作步骤如下。

步骤1▶ 单击"主菜单"按钮,选择"控制面板"→"控制器设置"→"日期和时间"选项,日期和时间可通过网络或手动进行设置。日期和时间设置完毕后,单击"确定"按钮,如图2-9所示。

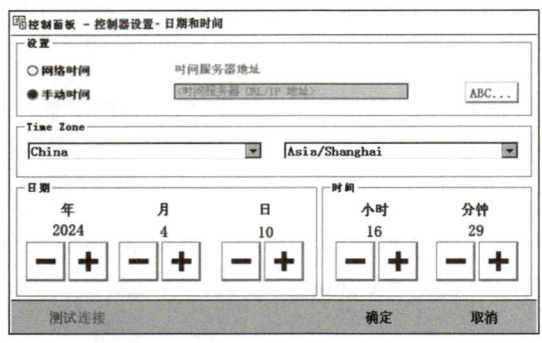

图2-9 设置系统日期和时间

砥节砺行

用专注守护一方技艺

一台焊接机器人,从生产到下线,要经过应用测试、整体测试、本体测试等多个测试环节,浙江钱江机器人有限公司焊接工程师王洋负责的是应用测试环节。他要根据不同企业的生产需求,设计出最佳的焊接工艺参数和方案。王洋经常需要做十几套，甚至二三十套参数测试，直到摸索出最佳的工艺方案。

1989年出生的王洋，有十几年的焊接行业从业经历。从最初传统的手工焊接，到如今的机器人焊接，他一路摸爬滚打，从焊工成长为焊接机器人的"最强大脑"。

王洋成长的这十几年，正值工业机器人飞速发展的时期，焊接机器人焊接开始逐步取代人工焊接。机器换人，一方面是因为技术发展，另一方面是因为焊接技术人员减少。作为特殊工种，焊工的工作环境普遍恶劣，烟尘、弧光对人体伤害较大，还要"吃得了苦，沉得下心"，很多人最终放弃，但这门技术在工业生产中必不可少。

王洋记得，在"蛟龙"号项目中，最后成品就是由有30多年焊接经验的老师傅完成的，用时比自己用机器人焊接长，但更稳、更完美。"焊接机器人焊接能替代人工焊接，但不能完全取代。"王洋说，刻板印象里，焊接机器人焊接优于人工焊接，但这需要程序员懂焊接技术，才能设计出完美的运行轨迹，所以技术依旧是王道。

2019年，王洋成立台州市钱江机器人劳模创新工作室。近年来，浙江钱江机器人有限公司招收的技术服务人员大半都当过他的徒弟，有多名徒弟已经出师，成了企业的技术骨干。

焊接被称为"工业裁缝"，在工业生产中的作用举足轻重，大到飞机、火箭、汽车，小到电脑、手机、芯片，都离不开焊接技术。从人工焊接到操作焊接机器人代工，深耕这个弧光四射的行业十几年，王洋见证了一个行业随时代的变迁，用专注守护着一方技艺。

（资料来源：吴晓东，《做焊接机器人的"最强大脑"王洋：用专注守护一方技艺》，中国青年报，2024年4月29日）

项目实施

手动操纵工业机器人时，可以选择单轴运动、线性运动和重定位运动三种运动模式。下面主要介绍如何手动操纵工业机器人进行这三种运动。

手动操纵工业机器人

一、手动操纵工业机器人做单轴运动

常见的6自由度工业机器人需要6个伺服电动机分别驱动各关节轴，每次手动操纵一个关节轴的运动称为单轴运动。如图2-10所示为6自由度工业机器人各关节轴的运动方式。

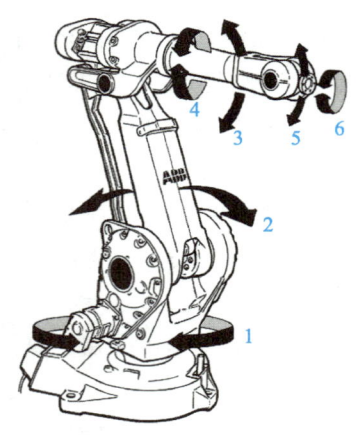

图 2-10　6 自由度工业机器人各关节轴的运动方式

手动操纵工业机器人做单轴运动的具体步骤如下。

步骤 1▶ 使用 RobotStudio 软件打开工作站打包文件 "NO2.rspag"，通过解包向导对话框对其进行解包。解包完毕后，打开虚拟示教器，确认工业机器人的状态已切换为手动模式。

步骤 2▶ 单击 "主菜单" 按钮，选择 "手动操纵" → "动作模式" → "轴 1-3" 选项，单击 "确定" 按钮，便可以对工业机器人第 1～3 轴进行操纵，如图 2-11 所示。

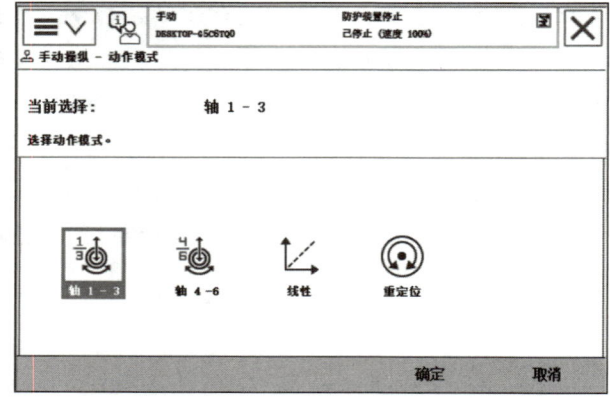

图 2-11　选择 "轴 1-3" 选项

> **小提示**
>
> 如果选择 "轴 4-6" 选项，单击 "确定" 按钮，则可对工业机器人第 4～6 轴进行操纵。

步骤 3▶ 按下使能器按钮 "Enable"，进入 "电机开启" 状态。触摸屏右下角显示有 "轴 1-3" 单轴运动的操纵杆方向，如图 2-12 所示。

项目二　了解工业机器人的基本操作

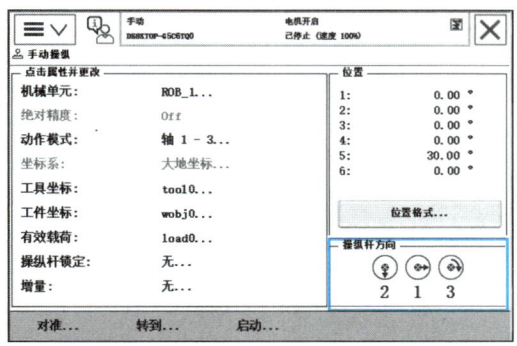

图 2-12　"轴 1-3"单轴运动的操纵杆方向

步骤 4▶ 在操纵杆方向中，箭头所指的方向代表正方向。按下操纵杆按钮"Hold To Run"，操纵杆上下拨动控制轴 2、左右拨动控制轴 1、旋转控制轴 3。同样，若选择"轴 4-6"，则操纵杆上下拨动控制轴 5、左右拨动控制轴 4、旋转控制轴 6，如图 2-13 所示。

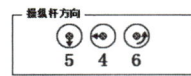

图 2-13　"轴 4-6"单轴运动的操纵杆方向

知识链接

可以将工业机器人的操纵杆比作汽车的节气门，操纵杆的操纵幅度是与工业机器人运动速度相关的。操纵幅度小，则工业机器人运动速度慢；操纵幅度大，则工业机器人运动速度快。在刚开始进行操纵练习时，工业机器人的运动速度不宜过快。

二、手动操纵工业机器人做线性运动

工业机器人的线性运动是指安装在工业机器人第 6 轴法兰盘上的末端执行器在空间中沿着坐标系的 X 轴、Y 轴、Z 轴方向做直线运动。

手动操纵工业机器人做线性运动的具体步骤如下。

步骤 1▶ 单击"主菜单"按钮，选择"手动操纵"→"动作模式"→"线性"选项，单击"确定"按钮，如图 2-14 所示。

步骤 2▶ 在手动操纵界面中，选择"工具坐标"→"tool1"选项，单击"确定"按钮，如图 2-15 所示。

步骤 3▶ 按下使能器按钮，进入"电机开启"状态。触摸屏右下角显示有线性运动的操纵杆方向，如图 2-16 所示。操纵示教器上的操纵杆，工具中心点（tool center point，TCP）在空间中做线性运动。

33

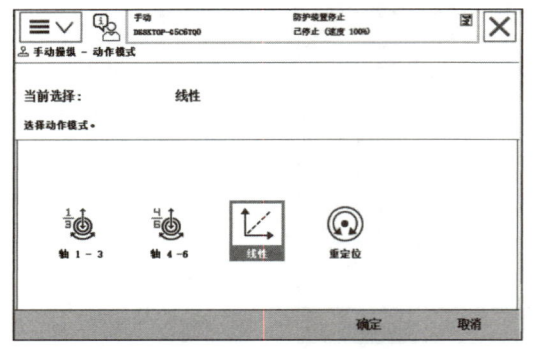

图 2-14 选择"线性"选项　　　　　图 2-15 工具坐标的设置

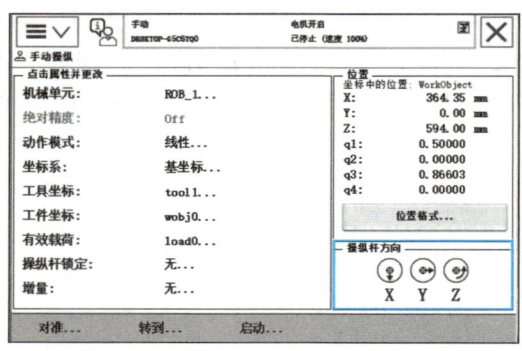

图 2-16 线性运动的操纵杆方向

知识链接

在操纵工业机器人做线性运动时，操作人员可以根据 X 轴、Y 轴、Z 轴的正方向确定站位，以使工业机器人运动方向与操纵杆运动方向一致，便于操作人员操纵。

三、手动操纵工业机器人做重定位运动

工业机器人的重定位运动是指工业机器人的末端执行器以 TCP 为坐标原点，在空间中绕着坐标原点做旋转运动，也可以理解为工业机器人绕 TCP 做位姿调整运动。

手动操纵工业机器人做重定位运动的具体步骤如下。

步骤1▶ 单击"主菜单"按钮，选择"手动操纵"→"动作模式"→"重定位"选项，单击"确定"按钮，如图2-17所示。

步骤2▶ 在手动操纵界面中，选择"坐标系"→"工具"选项，然后单击"确定"按钮，如图2-18所示。

步骤3▶ 在手动操纵界面中，选择"工具坐标"→"tool1"选项，单击"确定"按钮。

项目二 了解工业机器人的基本操作

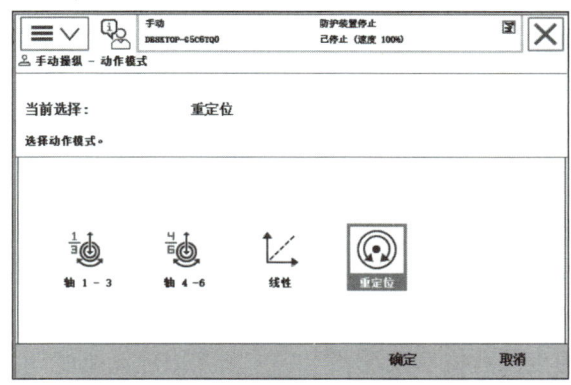

图 2-17 选择"重定位"选项

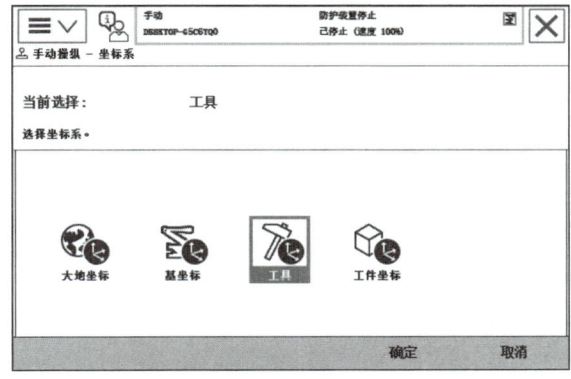

图 2-18 坐标系的设置

步骤 4▶ 按下使能器按钮，进入"电机开启"状态。触摸屏右下角显示有重定位运动的操纵杆方向，如图 2-19 所示。操纵示教器上的操纵杆，工业机器人绕着 TCP 做重定位运动（位姿调整运动）。

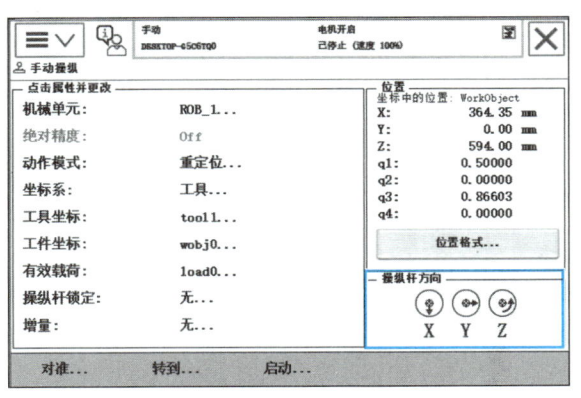

图 2-19 重定位运动的操纵杆方向

更新工业机器人的
转数计数器

35

学习效果测评

一、填空题

（1）工业机器人示教器上的_____按钮是为保证操作人员人身安全而设置的。

（2）若要使程序前进一步，则可以按示教器上的_____按钮。

（3）使能器按钮的两挡对应工业机器人的_____状态和_____状态。

（4）常见的 6 自由度工业机器人需要_____个伺服电动机驱动各关节轴。

（5）工业机器人的线性运动是指末端执行器在空间中沿着坐标系的 X 轴、Y 轴、Z 轴方向做_____运动。

二、选择题

（1）在示教器上，可由操作人员设置某些特定功能，以简化编程和测试的按钮是（　　）。

  A．可编程按钮   B．步进按钮

  C．使能器按钮   D．停止按钮

（2）设置工业机器人的日期和时间时，需要选择示教器上"主菜单"界面中的（　　）选项。

  A．控制面板   B．手动操纵

  C．注销   D．重新启动

（3）下列选项中（　　）不属于手动操纵工业机器人时的运动模式。

  A．单轴运动   B．线性运动

  C．圆弧运动   D．重定位运动

（4）（　　）运动可以理解为工业机器人绕 TCP 做的位姿调整运动。

  A．重定位   B．线性

  C．关节   D．单轴

三、简答题

（1）简述示教器的手持方法。

（2）简述手动操纵工业机器人做单轴运动的步骤。

项目二　了解工业机器人的基本操作

项目总结与反馈

指导教师根据学生的实际学习情况进行评价，学生配合指导教师共同完成如表 2-5 所示的学习成果评价表。

表 2-5　学习成果评价表

班级		组号		日期	
姓名		学号		指导教师	
评价项目	评价内容			满分/分	评分/分
知识（30%）	熟悉示教器的结构			5	
	掌握示教器的手持方法			10	
	掌握示教器的基本设置			15	
技能（50%）	能够使用示教器手动操纵工业机器人做单轴运动			20	
	能够使用示教器手动操纵工业机器人做线性运动			15	
	能够使用示教器手动操纵工业机器人做重定位运动			15	
素质（20%）	积极参加教学活动，主动学习、思考、讨论			5	
	认真负责，按时完成学习、训练任务			5	
	团结协作，组员之间能够密切配合			5	
	服从指挥，遵守课堂纪律			5	
合计				100	
自我评价					
指导教师评价					

37

项目三
配置工业机器人 I/O 通信系统

项目导读

工业机器人通过 I/O 通信系统与外围设备进行通信，接收各种开关或传感器的信号反馈，监控各部位运行状态，并发送各种控制信号，从而确保工业机器人正常高效工作。正确配置工业机器人的 I/O 通信系统能够保证工业机器人与外围设备之间的信息传输准确无误，提高工业机器人的工作效率和安全性，是构建智能化制造系统不可或缺的一环。

本项目将带领大家熟悉工业机器人 I/O 接口和 ABB 工业机器人标准 I/O 板，并学会配置工业机器人的 I/O 通信系统。

学习目标

知识目标

- 熟悉工业机器人 I/O 接口。
- 熟悉 ABB 工业机器人标准 I/O 板。

技能目标

- 能够配置标准 I/O 板（DSQC651 板）。
- 能够创建 I/O 信号。

素质目标

- 树立技能成才、技能报国的人生理想。
- 养成勤学上进、科学严谨的工作作风。

项目三 配置工业机器人 I/O 通信系统

项目工单——了解工业机器人 I/O 通信系统

一、思维导图

思维导图（见图 3-1）可清晰地描绘出本项目需要学习的要点。请学生根据思维导图预习相关知识，以便更有针对性地学习。

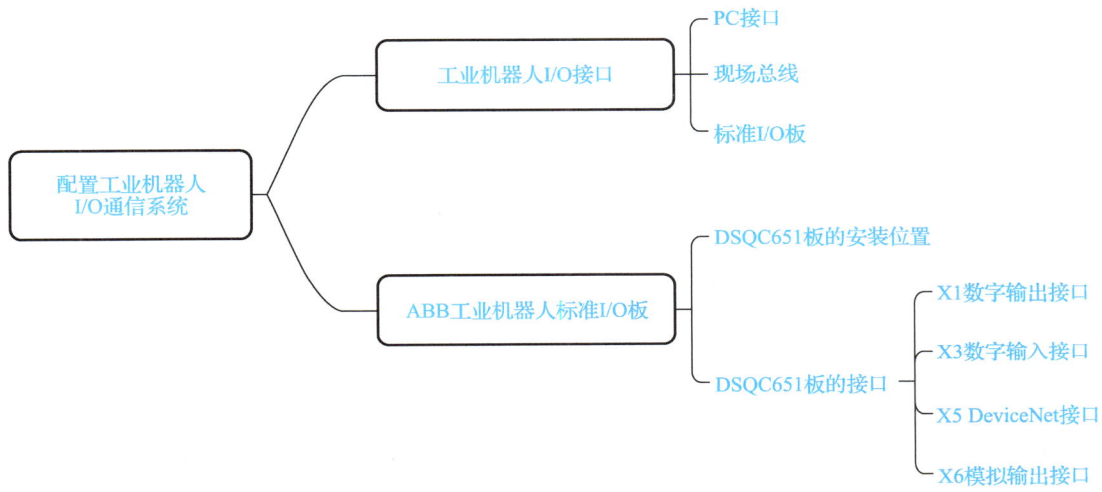

图 3-1 思维导图

二、小组分工

以 3~5 人为一组，选出组长并进行小组分工，将小组概况及分工填入表 3-1 中。

表 3-1 小组概况及分工

班级		组号		指导教师	
小组成员	姓名	学号	小组分工		
组长					
组员					

41

三、制订计划

根据小组分工,查阅相关资料,了解工业机器人的 I/O 通信系统,制订工作计划,并将其填入表 3-2 中。

表 3-2　工作计划

步骤	工作内容	负责人

四、成长记录

学习本项目后,学生可以通过截图、录视频、保存系统文件的方式记录自己的项目实施成果。在表 3-3 中,可以展示自己的项目实施成果,也可以将项目实施过程中遗漏的要点、遇到的问题和解决方法记录下来。

表 3-3　成长记录表

(可以将项目实施成果展示在此处;也可以在此处记录项目实施过程中遗漏的要点、遇到的问题和解决方法等)

项目三　配置工业机器人 I/O 通信系统

知识准备

一、工业机器人 I/O 接口

I/O 接口即输入/输出接口（input/output interface），通常由硬件电路和相应的驱动程序组成，它是工业机器人的一个重要组成部分，是连接工业机器人与外围设备的桥梁。

I/O 接口的主要功能包括数据缓冲、数据格式转换、信号量转换（如模拟量与数字量之间的转换）、定时与计时，以及地址译码和设备选择。

为了方便同外围设备进行通信，工业机器人设置了丰富的 I/O 接口，下面以 ABB 工业机器人为例进行介绍，其常用的 I/O 接口如表 3-4 所示。

表 3-4　ABB 工业机器人常用的 I/O 接口

PC 接口	现场总线	标准 I/O 板
RS-232 标准姿口 OPC Server Socket Messaging	DeviceNet EtherNet/IP PROFIBUS PROFIBUS-DP PROFINET	DSQC651 板 DSQC652 板 DSQC653 板

（1）PC 接口：一般用于 ABB 工业机器人和 PC 之间的通信，在开发和调试 ABB 工业机器人本体系统时常使用这种 I/O 接口。

（2）现场总线：一般用于 ABB 工业机器人和外围设备之间通信数据量庞大的情况，比较常用的是 DeviceNet。

（3）标准 I/O 板：ABB 工业机器人最常用的一种 I/O 接口，其本质为一种可编程控制器（PLC）。

知识链接

在自动控制系统中，各个设备之间传送信息的公共通路称为总线。

二、ABB 工业机器人标准 I/O 板

ABB 工业机器人的标准 I/O 板安装在工业机器人的控制柜中，常用的标准 I/O 板有 DSQC651 板（见图 3-2）、DSQC652 板、DSQC653 板等型号。ABB 工业机器人可以通过标准 I/O 板完成数字输入（di）、数字输出（do）、组输入（gi）、组输出（go）、模拟输入（ai）和模拟输出（ao）等多种信号的处理。

虽然 ABB 工业机器人标准 I/O 板的型号很多，但是它们的基本功能大同小异。下面以常用的 DSQC651 板为例，介绍 ABB 工业机器人标准 I/O 板的相关知识。

工业机器人编程与操作

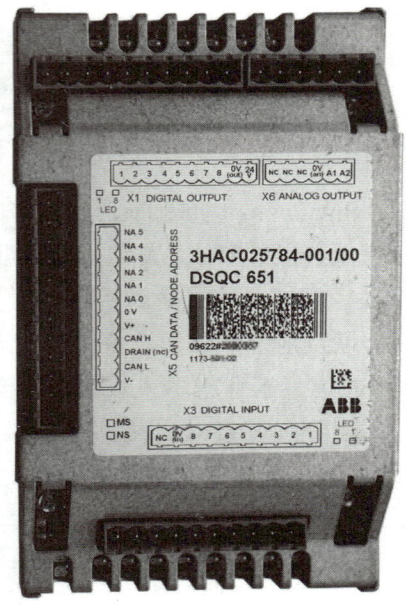

I/O 通信的类型及特点

图 3-2　DSQC651 板

（一）DSQC651 板的安装位置

DSQC651 板一般安装于控制柜柜门的内侧。以常用的 IRC5 控制柜为例，该型号控制柜最多可以安装 4 块 DSQC651 板或其他型号的标准 I/O 板（见图 3-3），这些标准 I/O 板与控制柜上的接口是通用的。

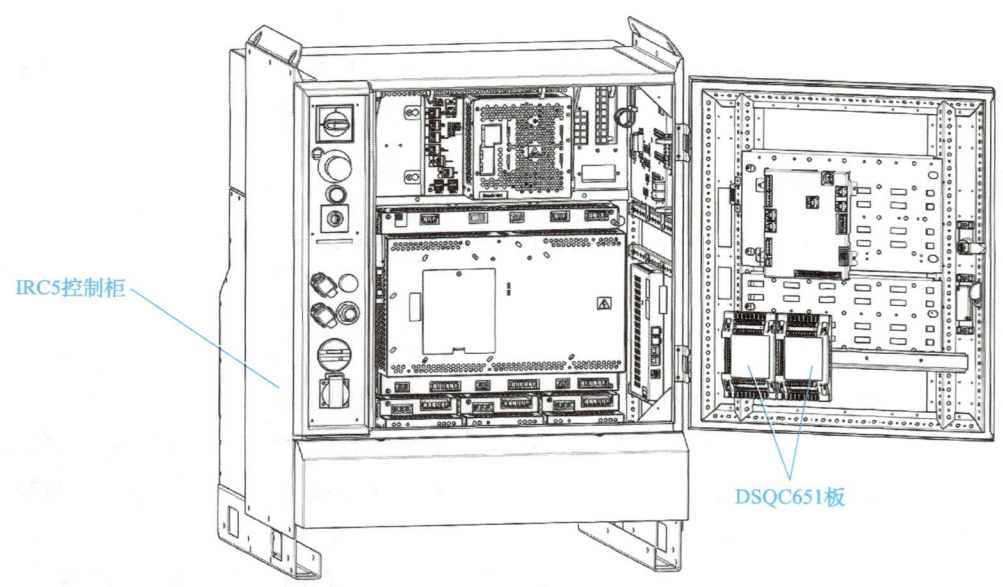

图 3-3　DSQC651 板的安装位置

（二）DSQC651 板的接口

DSQC651 板上的接口包括一个 X1 数字输出接口、一个 X3 数字输入接口、一个 X5 DeviceNet 接口和一个 X6 模拟输出接口，其接口分布如图 3-4 所示。

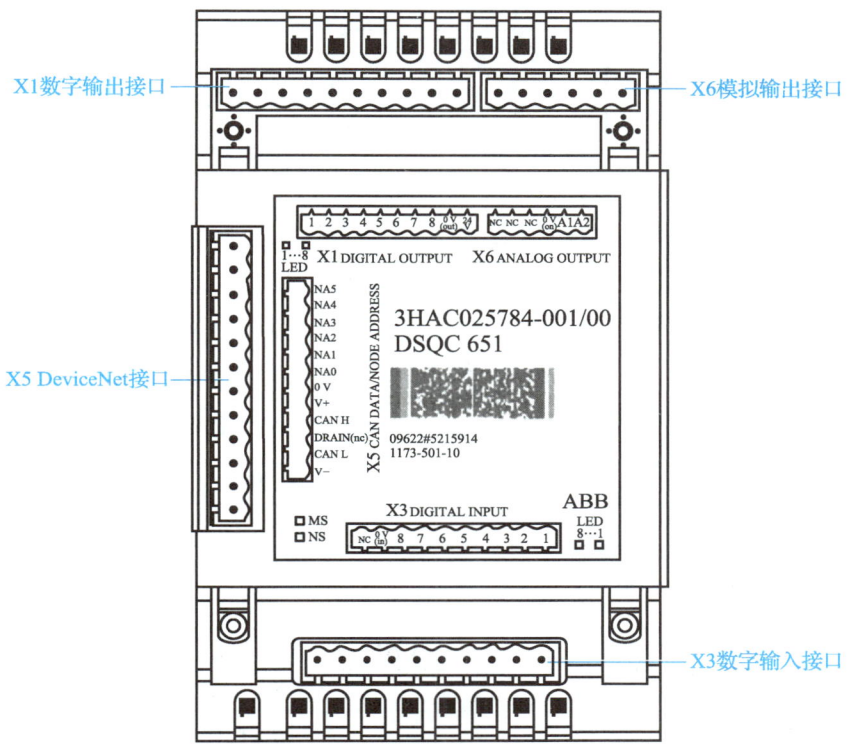

图 3-4　DSQC651 板的接口分布

DSQC651 板各接口的端子编号详细说明如下。

（1）X1 数字输出接口：提供 8 路数字输出信号，各端子的使用定义和地址分配如表 3-5 所示。

表 3-5　X1 数字输出接口各端子的使用定义和地址分配

端子编号	使用定义	地址分配	端子编号	使用定义	地址分配
1	OUTPUT CH1	32	6	OUTPUT CH6	37
2	OUTPUT CH2	33	7	OUTPUT CH7	38
3	OUTPUT CH3	34	8	OUTPUT CH8	39
4	OUTPUT CH4	35	9	0 V	
5	OUTPUT CH5	36	10	24 V	

（2）X3 数字输入接口：提供 8 路数字输入信号，各端子的使用定义和地址分配如表 3-6 所示。

表 3-6　X3 数字输入接口各端子的使用定义和地址分配

端子编号	使用定义	地址分配	端子编号	使用定义	地址分配
1	INPUT CH1	0	6	INPUT CH6	5
2	INPUT CH2	1	7	INPUT CH7	6
3	INPUT CH3	2	8	INPUT CH8	7
4	INPUT CH4	3	9	0 V	
5	INPUT CH5	4	10	NC（未使用）	

（3）X5 DeviceNet 接口：标准 I/O 板是挂载在 DeviceNet 总线下的，需要使用 X5 DeviceNet 接口与 DeviceNet 总线进行通信，并设定该标准 I/O 板在 DeviceNet 总线中的地址（ID）。每个标准 I/O 板在总线中的地址都是独一无二的，以方便识别。如表 3-7 所示为 X5 DeviceNet 接口各端子的使用定义，其中第 6～12 号端子用来设定 DeviceNet 地址，可用范围为 0～63。

表 3-7　X5 DeviceNet 接口各端子的使用定义

端子编号	使用定义
1	0 V（黑色）
2	CAN_low 低电平信号线（蓝色）
3	屏蔽线
4	CAN_high 高电平信号线（白色）
5	24 V（红色）
6	GND 地址选择公共端
7	模块 ID bit 0（表示的值为 $2^0=1$）
8	模块 ID bit 1（表示的值为 $2^1=2$）
9	模块 ID bit 2（表示的值为 $2^2=4$）
10	模块 ID bit 3（表示的值为 $2^3=8$）
11	模块 ID bit 4（表示的值为 $2^4=16$）
12	模块 ID bit 5（表示的值为 $2^5=32$）

（4）X6 模拟输出接口：提供两路模拟输出信号，各端子的使用定义和地址分配如表 3-8 所示。

表 3-8　X6 模拟输出接口各端子的使用定义和地址分配

端子编号	使用定义	地址分配	端子编号	使用定义	地址分配
1	NC（未使用）		4	0 V	
2	NC（未使用）		5	模拟输出 AO1	0～15
3	NC（未使用）		6	模拟输出 AO2	16～31

项目三　配置工业机器人 I/O 通信系统

> **小提示**
>
> 配置 ABB 工业机器人标准 I/O 板时，应遵循以下几点原则。
> （1）明确信号类型和地址。
> （2）合理规划信号的硬件连接和逻辑处理方式。
> （3）保证信号传输的稳定性。
> （4）遵守工业机器人系统的规范和安全要求。

 砥节砺行

中国机器人之父

蒋新松，中共党员，1931 年 8 月出生，江苏江阴人，中国科学院沈阳自动化研究所原所长、863 计划自动化领域首席科学家、中国工程院院士。1977 年，蒋新松在中国科学院自然科学规划大会上提出了发展机器人和人工智能的设想，被誉为"中国机器人之父"。

20 世纪 80 年代初，想法总是超前的蒋新松除了考虑机器人研发的立项，还有了一个更大的计划。他希望在沈阳打造一个面向全国，同时面向全世界的开放型的机器人研发基地和工程试验基地。为此，蒋新松和同事们历经周折。

1990 年 8 月，机器人示范工程竣工，我国机器人的"城堡"已初具规模，它即将迎来一场重头戏。这一年，在蒋新松的规划与指导下，我国开始了第一台潜深 1 000 m 的无缆水下机器人"探索者号"的研制工作，并于不久之后开始了潜深 6 000 m 无缆水下机器人的研制，且取得了成功。

现在，我国机器人产业在蒋新松开创的事业的基础上，取得了"蛟龙"号载人潜水器、旋翼无人机等一系列研究成果；以现场总线技术为代表的工业自动化技术研究取得了具有国际前沿水平的研究成果，研究所牵头研发的工业无线网络技术成为国际标准；"新松公司"——这个以蒋新松院士名字命名的公司，已经成为国家高新技术企业。

蒋新松说过，生命总是有限的，但让有限的生命发出更大的光和热，让生命更有意义，这是他的夙愿。在蒋新松看来，他生命的最大意义莫过于为祖国和科学献身。

（资料来源：胡珉琦，《蒋新松：一位战略科学家的四十年》，
中国科学报，2024 年 7 月 25 日）

项目实施

一、配置标准 I/O 板

（一）配置 DSQC651 板总线地址

DSQC651 板的总线连接参数如表 3-9 所示。

表 3-9 DSQC651 板的总线连接参数

参数名称	设定值	说明
Name	board10	设定该标准 I/O 板在系统中的名字
Network	DeviceNet	设定该标准 I/O 板连接的总线（系统默认值）
Address	10	设定该标准 I/O 板在总线中的地址

如图 3-5 所示为 X5 DeviceNet 接口地址配置示意图。将第 8 号和第 10 号端子所对应的针脚剪断（剪断的为 1，留下的为 0，高电平有效），则有 $2^1 + 2^3 = 10$，即该标准 I/O 板的总线地址为 10。

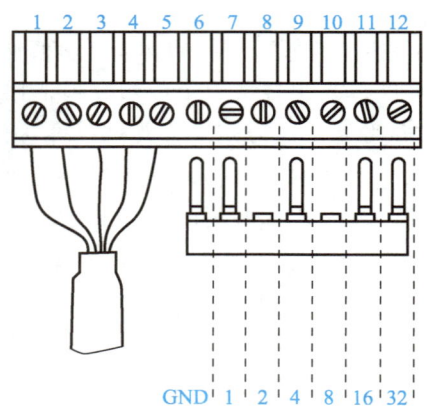

图 3-5 X5 DeviceNet 接口地址配置示意图（地址为 10）

头脑风暴

若想获得地址 63 或地址 0，则需要剪断哪几个针脚？

（二）总线连接

创建 I/O 信号之前，需要保证 ABB 工业机器人系统中的"709-1 DeviceNet Master/Slave"选项已经勾选，否则在后续的设定中将无法显示"DeviceNet Device"选项。若创建系统时未勾选"709-1 DeviceNet Master/Slave"选项，则可参照"步骤 1"进行勾选；若创建系统时已经勾选该选项，则可跳过"步骤 1"。

步骤1▶ 在RobotStudio软件的"控制器"选项卡中,找到"虚拟控制器"面板下的"修改选项",单击后可进入"更改选项"界面。选择"Industrial Networks"→"709-1 DeviceNet Master/Slave"选项(见图3-6),单击"确定"按钮,重启虚拟示教器即可完成设定。

> **小提示**
>
> 在"更改选项"界面,可选择"Default Language"→"Chinese"选项,在弹出的"选择依赖性"对话框中,选择"Chinese"选项,单击"确定"按钮。完成设定后,打开虚拟示教器,显示语言默认为中文。

步骤2▶ 打开虚拟示教器,选择手动模式。单击"主菜单"按钮,选择"控制面板"→"配置"选项,双击"DeviceNet Device"选项,如图3-7所示。

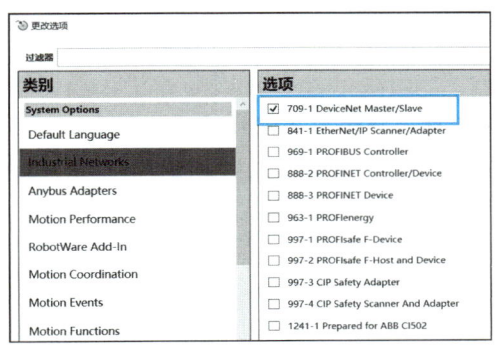

图3-6 选择"709-1 DeviceNet Master/Slave"选项   图3-7 双击"DeviceNet Device"选项

步骤3▶ 单击"添加"按钮(见图3-8),可进入详细参数设定界面(见图3-9)。

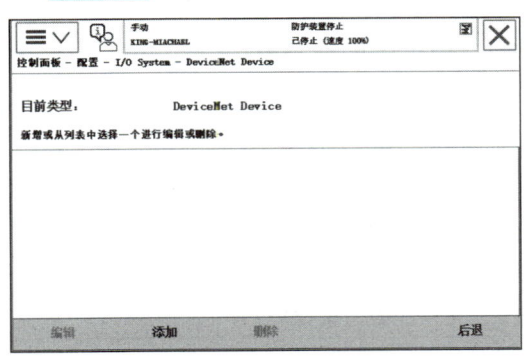
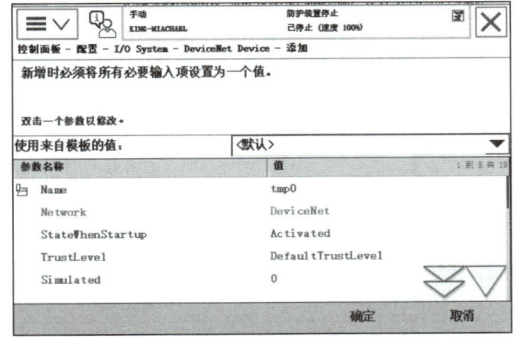

图3-8 单击"添加"按钮   图3-9 详细参数设定界面

步骤4▶ 单击"使用来自模板的值"右侧的下拉菜单,选择"DSQC 651 Combi I/O Device"选项。双击需要设定的参数名称,然后设定对应的值。根据表3-9的参数设定要求,"Name"输入"board10";向下翻页,将"Address"值设定为"10"。单击"确定"按钮,完成设定,如图3-10所示。

步骤 5▶ 在"重新启动"对话框中单击"是"按钮(见图 3-11),虚拟示教器重启,参数设定生效。

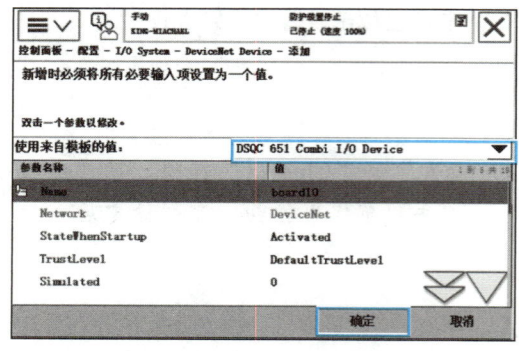

图 3-10 设定参数值　　　　　　　　　图 3-11 "重新启动"对话框

> **小提示**
>
> 在"步骤 5"中,虚拟示教器可能会弹出对话框,提示"要完成这项操作,必须关闭 Virtual FlexPendant 然后再重新启动"。此时,手动关闭虚拟示教器即可。

二、创建 I/O 信号

下面以创建数字输入信号 di1、数字输出信号 do1、组输入信号 gi1、组输出信号 go1 和模拟输出信号 ao1 为例,介绍创建不同类型 I/O 信号的方法。

创建 I/O 信号

(一) 创建数字输入信号 di1

数字输入信号 di1 的参数如表 3-10 所示。

表 3-10 数字输入信号 di1 的参数

参数名称	设定值	说明
Name	di1	设定数字输入信号的名字
Type of Signal	Digital Input	设定信号的类型
Assigned to Device	board10	设定信号所在的标准 I/O 板
Device Mapping	0	设定信号所占用的地址

创建数字输入信号 di1 的具体步骤如下。

步骤 1▶ 打开虚拟示教器,选择手动模式。单击"主菜单"按钮,选择"控制面板"→"配置"→"Signal"选项,单击"显示全部"按钮,如图 3-12 所示。

步骤 2▶ 单击"添加"按钮(见图 3-13),可进入详细参数设定界面。

项目三 配置工业机器人 I/O 通信系统

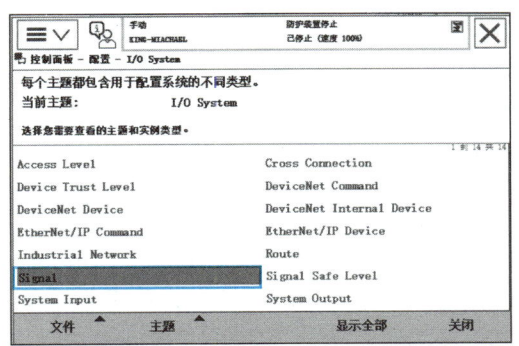

图 3-12 选择"Signal"选项

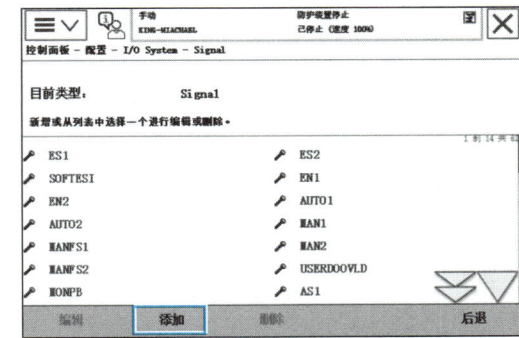

图 3-13 单击"添加"按钮

步骤 3▶ 双击需要设定的参数名称，然后设定对应的值。根据表 3-10 的参数设定要求，"Name"输入"di1"；"Type of Signal"选择为"Digital Input"；"Assigned to Device"选择为"board10"；将"Device Mapping"值设定为"0"。单击"确定"按钮，完成设定，如图 3-14 所示。

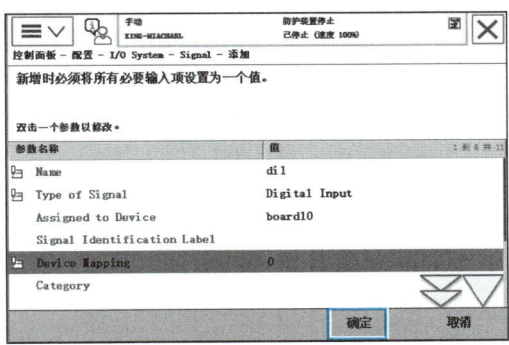

图 3-14 设定 di1 的参数值

步骤 4▶ 在"重新启动"对话框中，单击"否"按钮，数字输入信号 di1 创建完成，虚拟示教器不会重启，可继续创建其他 I/O 信号。

（二）创建数字输出信号 do1

数字输出信号 do1 的参数如表 3-11 所示。

表 3-11 数字输出信号 do1 的参数

参数名称	设定值	说明
Name	do1	设定数字输出信号的名字
Type of Signal	Digital Output	设定信号的类型
Assigned to Device	board10	设定信号所在的标准 I/O 板
Device Mapping	32	设定信号所占用的地址

51

创建数字输出信号 do1 的具体步骤如下。

步骤 1▶ 打开虚拟示教器，选择手动模式。单击"主菜单"按钮，选择"控制面板"→"配置"→"Signal"选项，单击"显示全部"按钮。

步骤 2▶ 单击"添加"按钮，可进入详细参数设定界面。

步骤 3▶ 双击需要设定的参数名称，然后设定对应的值。根据表 3-11 的参数设定要求，"Name"输入"do1"；"Type of Signal"选择为"Digital Output"；"Assigned to Device"选择为"board10"；将"Device Mapping"值设定为"32"。单击"确定"按钮，完成设定，如图 3-15 所示。

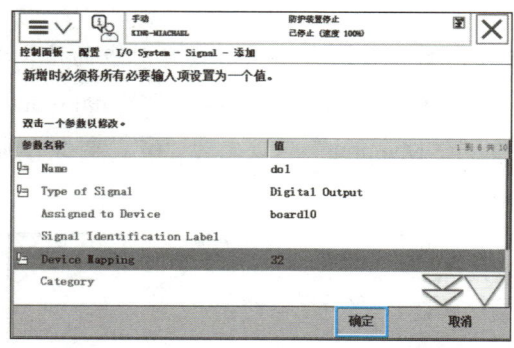

图 3-15 设定 do1 的参数值

步骤 4▶ 在"重新启动"对话框中，单击"否"按钮，数字输出信号 do1 创建完成，虚拟示教器不会重启，可继续创建其他 I/O 信号。

（三）创建组输入信号 gi1

组输入信号就是将几个数字输入信号组合起来，用于接收外围设备输入的 BCD 编码的十进制数。如表 3-12 所示的组输入信号 gi1 占用地址"1-4"，共 4 位，可以代表十进制数 0～15。如果占用地址为 5 位，则可以代表十进制数 0～31。

表 3-12 组输入信号 gi1 的参数

参数名称	设定值	说明
Name	gi1	设定组输入信号的名字
Type of Signal	Group Input	设定信号的类型
Assigned to Device	board10	设定信号所在的标准 I/O 板
Device Mapping	1-4	设定信号所占用的地址

创建组输入信号 gi1 的具体步骤如下。

步骤 1▶ 打开虚拟示教器，选择手动模式。单击"主菜单"按钮，选择"控制面板"→"配置"→"Signal"选项，单击"显示全部"按钮。

步骤2▶ 单击"添加"按钮，可进入详细参数设定界面。

步骤3▶ 双击需要设定的参数名称，然后设定对应的值。根据表3-12的参数设定要求，"Name"输入"gi1"；"Type of Signal"选择为"Group Input"；"Assigned to Device"选择为"board10"；将"Device Mapping"值设定为"1-4"。单击"确定"按钮，完成设定，如图3-16所示。

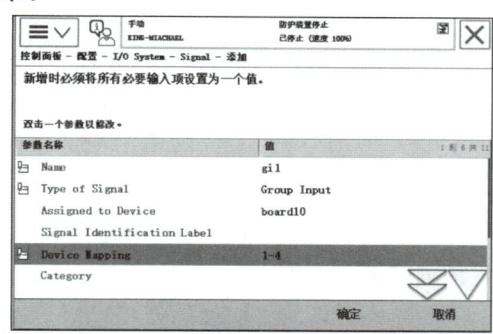

图3-16 设定gi1的参数值

步骤4▶ 在"重新启动"对话框中，单击"否"按钮，组输入信号gi1创建完成，虚拟示教器不会重启，可继续创建其他I/O信号。

（四）创建组输出信号go1

组输出信号就是将几个数字输出信号组合起来，用于输出BCD编码的十进制数。如表3-13所示的组输出信号go1占用地址"33-36"，共4位，可以代表十进制数0～15。同理，如果占用地址为5位，则可以代表十进制数0～31。

表3-13 组输出信号go1的参数

参数名称	设定值	说明
Name	go1	设定组输出信号的名字
Type of Signal	Group Output	设定信号的类型
Assigned to Device	board10	设定信号所在的标准I/O板
Device Mapping	33-36	设定信号所占用的地址

创建组输出信号go1的具体步骤如下。

步骤1▶ 打开虚拟示教器，选择手动模式。单击"主菜单"按钮，选择"控制面板"→"配置"→"Signal"选项，单击"显示全部"按钮。

步骤2▶ 单击"添加"按钮，可进入详细参数设定界面。

步骤3▶ 双击需要设定的参数名称，然后设定对应的值。根据表3-13的参数设定要求，"Name"输入"go1"；"Type of Signal"选择为"Group Output"；"Assigned to Device"选择为"board10"；将"Device Mapping"值设定为"33-36"。单击"确定"按钮，完成设定，如图3-17所示。

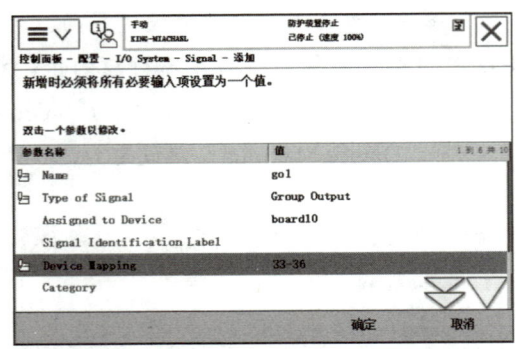

图 3-17 设定 go1 的参数值

步骤 4▶ 在"重新启动"对话框中单击"否"按钮,组输出信号 go1 创建完成,虚拟示教器不会重启,可继续创建其他 I/O 信号。

(五)创建模拟输出信号 ao1

模拟输出信号常应用于需要连续控制外围设备的场合。下面根据焊接电源输出电压与焊接机器人输出电压的线性关系(见图 3-18),创建模拟输出信号 ao1,相关参数如表 3-14 所示。

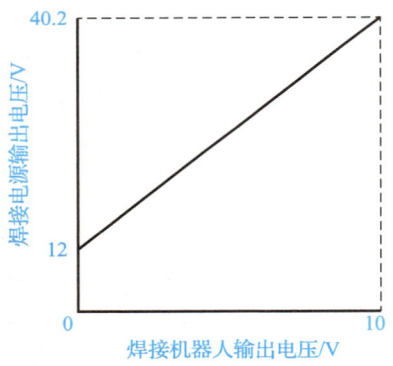

图 3-18 焊接电源输出电压与焊接机器人输出电压的线性关系

表 3-14 模拟输出信号 ao1 的参数

参数名称	设定值	说明
Name	ao1	设定模拟输出信号的名字
Type of Signal	Analog Output	设定信号的类型
Assigned to Device	board10	设定信号所在的标准 I/O 板
Device Mapping	0-15	设定信号所占用的地址
Default Value	12	设定默认值,不得小于最小逻辑值
Analog Encoding Type	Unsigned	设定模拟输出信号属性

表 3-14（续）

参数名称	设定值	说明
Maximum Logical Value	40.2	设定最大逻辑值
Maximum Physical Value	10	设定最大物理值
Maximum Physical Value Limit	10	设定最大物理限值
Maximum Bit Value	65 535	设定最大逻辑位值
Minimum Logical Value	12	设定最小逻辑值
Minimum Physical Value	0	设定最小物理值
Minimum Physical Value Limit	0	设定最小物理限值
Minimum Bit Value	0	设定最小逻辑位值

创建模拟输出信号 ao1 的具体步骤如下。

步骤 1 ▶ 打开虚拟示教器，选择手动模式。单击"主菜单"按钮，选择"控制面板"→"配置"→"Signal"选项，单击"显示全部"按钮。

步骤 2 ▶ 单击"添加"按钮，可进入详细参数设定界面。

步骤 3 ▶ 双击需要设定的参数名称，根据表 3-14 的要求设定参数值，最后单击"确定"按钮，完成设定，如图 3-19 所示。

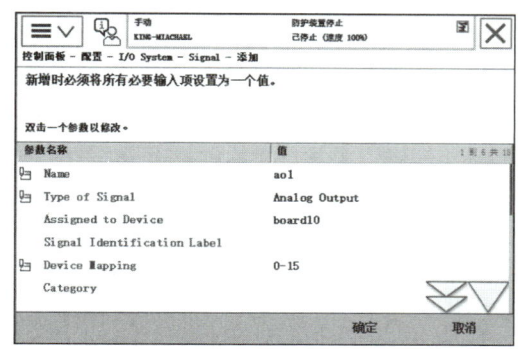

（a）

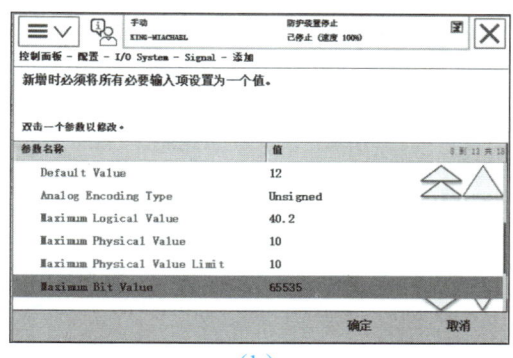

（b）

（c）

图 3-19 设定 ao1 的参数值

步骤 4▶ 在"重新启动"对话框中,单击"是"按钮,模拟输出信号 ao1 创建完成,虚拟示教器重启。

三、检查 I/O 信号

I/O 信号创建完成之后,需要检查各 I/O 信号的设定是否正确,具体步骤如下。

步骤 1▶ 打开虚拟示教器,选择手动模式。单击"主菜单"按钮,选择"输入输出",单击"视图"按钮,在弹出的菜单中选择"IO 设备"选项,如图 3-20 所示。

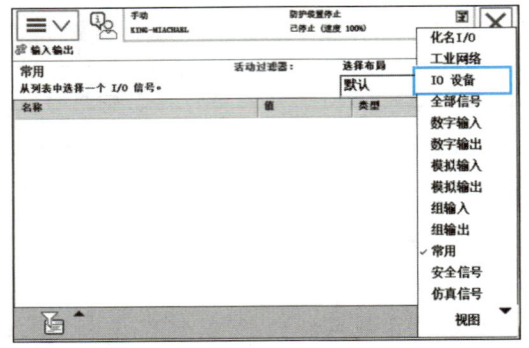

图 3-20 选择"IO 设备"选项

步骤 2▶ 选择"board10"选项,单击"信号"按钮(见图 3-21),进入 I/O 信号选择界面,即可检查前面创建的各 I/O 信号(见图 3-22)。

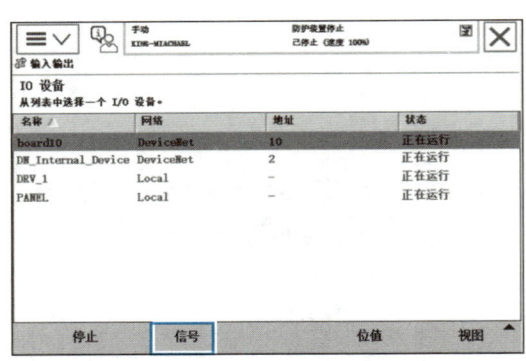

图 3-21 单击"信号"按钮

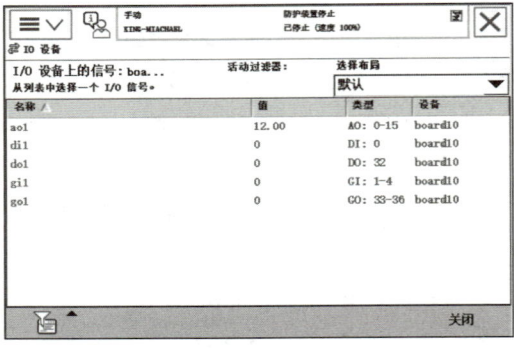

图 3-22 检查 I/O 信号

学习效果测评

一、填空题

（1）工业机器人 I/O 接口通常由_____和相应的_____组成。

（2）ABB 工业机器人常用的 I/O 接口包括_____、_____和_____。

（3）信号 GI 的含义是_____，信号 GO 的含义是_____。

（4）DSQC651 板可提供_____路数字输入信号和_____路数字输出信号的处理。

（5）若 ABB 工业机器人系统中的"709-1 DeviceNet Master/Slave"选项未勾选，则无法显示"_____"选项。

二、选择题

（1）DSQC651 板可提供（　　）路模拟输出信号的处理。

　　A．2　　　　　　　　　　　　B．8
　　C．10　　　　　　　　　　　 D．16

（2）在 X5 DeviceNet 接口中，如果将第 9 号和第 11 号端子所对应的针脚剪断，则该标准 I/O 板的总线地址为（　　）。

　　A．5　　　　　　　　　　　　B．10
　　C．20　　　　　　　　　　　 D．30

（3）在 X5 DeviceNet 接口中，如果将第 7 号、第 8 号和第 10 号端子所对应的针脚剪断，则该标准 I/O 板的总线地址为（　　）。

　　A．6　　　　　　　　　　　　B．11
　　C．16　　　　　　　　　　　 D．22

三、简答题

（1）简述 I/O 接口的主要功能。

（2）简述配置 ABB 工业机器人标准 I/O 板时应遵守的原则。

项目总结与反馈

指导教师根据学生的实际学习情况进行评价,学生配合指导教师共同完成如表 3-15 所示的学习成果评价表。

表 3-15 学习成果评价表

班级		组号		日期	
姓名		学号		指导教师	
评价项目	评价内容			满分/分	评分/分
知识(30%)	熟悉工业机器人 I/O 接口			10	
	熟悉 ABB 工业机器人标准 I/O 板			20	
技能(50%)	能够配置标准 I/O 板(DSQC651 板)			15	
	能够创建 I/O 信号			35	
素质(20%)	积极参加教学活动,主动学习、思考、讨论			5	
	认真负责,按时完成学习、训练任务			5	
	团结协作,组员之间能够密切配合			5	
	服从指挥,遵守课堂纪律			5	
	合计			100	
自我评价					
指导教师评价					

项目四
设定工业机器人程序数据

项目导读

程序数据是系统模块或程序模块中设定的值和一些被定义的环境数据,它可被同一个模块或其他模块中的指令所引用。ABB 工业机器人的程序数据大约有 100 种类型,能满足大部分的作业要求。操作人员也可以根据实际情况创建新的程序数据,为 ABB 工业机器人的程序编辑和设计带来无限可能。

本项目将主要介绍工业机器人的程序数据和坐标系,并介绍三个关键程序数据的设定方法。

学习目标

知识目标
- ◆ 熟悉工业机器人的程序数据。
- ◆ 了解工业机器人的坐标系。

技能目标
- ◆ 能够对工具数据、工件数据和有效载荷数据进行设定。

素质目标
- ◆ 养成脚踏实地、精益求精的工作作风。
- ◆ 培养科学严谨、追求卓越的工匠精神。

项目工单——了解工业机器人程序数据和坐标系

一、思维导图

思维导图（见图 4-1）可清晰地描绘出本项目需要学习的要点。请学生根据思维导图预习相关知识，以便更有针对性地学习。

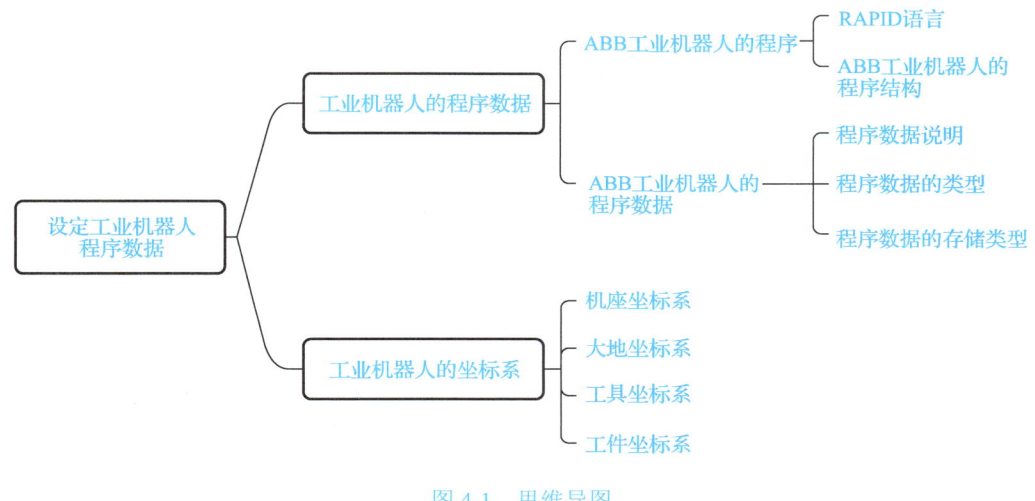

图 4-1　思维导图

二、小组分工

以 3~5 人为一组，选出组长并进行小组分工，将小组概况及分工填入表 4-1 中。

表 4-1　小组概况及分工

班级		组号		指导教师	
小组成员	姓名	学号	小组分工		
组长					
组员					

三、制订计划

根据小组分工，查阅相关资料，了解工业机器人程序数据和坐标系的相关知识，制订工作计划，并将其填入表 4-2 中。

表 4-2　工作计划

步骤	工作内容	负责人

四、成长记录

学习本项目后，学生可以通过截图、录视频、保存系统文件的方式记录自己的项目实施成果。在表 4-3 中，可以展示自己的项目实施成果，也可以将项目实施过程中遗漏的要点、遇到的问题和解决方法记录下来。

表 4-3　成长记录表

（可以将项目实施成果展示在此处；也可以在此处记录项目实施过程中遗漏的要点、遇到的问题和解决方法等）

项目四　设定工业机器人程序数据

知识准备

一、工业机器人的程序数据

（一）ABB 工业机器人的程序

1. RAPID 语言

RAPID 语言是一种专门用于 ABB 工业机器人编程和控制的语言，RAPID 程序则是用 RAPID 语言所编写的程序。RAPID 语言内部指令丰富，可对 ABB 工业机器人进行逻辑控制、I/O 通信和运动控制。

2. ABB 工业机器人的程序结构

ABB 工业机器人的 RAPID 程序一般以任务（Task）的形式执行，而每个任务又由各种模块组成，这些模块主要包含两种类型，即系统模块和程序模块。

ABB 工业机器人的程序结构如图 4-2 所示。

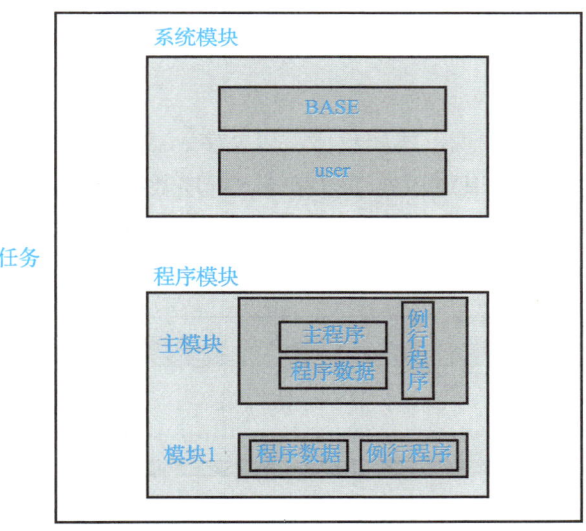

图 4-2　ABB 工业机器人的程序结构

1）系统模块

ABB 工业机器人在创建系统之后，一般会自带两个系统模块，即 BASE 模块和 user 模块，它们是用来定义控制系统功能和参数的程序，如图 4-3 所示。系统模块会根据工业机器人的型号和应用场景自动配置，该模块一般不需要进行更改。

2）程序模块

程序模块一般由主模块和多个具有不同功能的模块组成，这些不同功能的模块主要用来管理不同用途的例行程序（即指令集合）和程序数据。其中，主模块用于程序的组织、管理和调度，由主程序、例行程序和程序数据组成；其他模块（如图 4-2 所示的模块 1）一

63

般用来实现某一特定动作和功能，由例行程序和程序数据组成，其程序可被主模块中的主程序调用。

在程序模块中，主程序在整个系统中有且仅有一个，为程序执行的入口。例行程序可根据实际需要设置，它分为程序（PROC）、功能（FUNC）和中断（TRAP）三种类型，如图4-4所示。

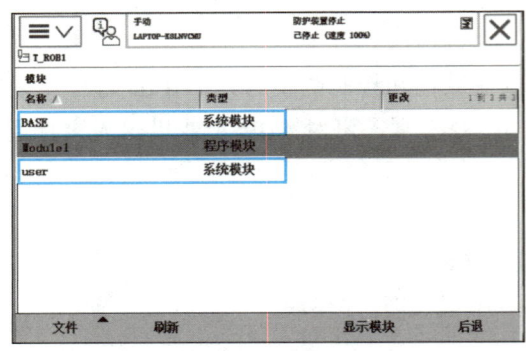

图4-3　系统模块　　　　　　　　　　　图4-4　例行程序的三种类型

（二）ABB工业机器人的程序数据

1. 程序数据说明

数据（data）是信息的表现形式和载体，以文字、数字、图形、声音和视频等形式呈现，这些形式能够被计算机识别、处理和存储。程序数据是指在系统模块或程序模块内设定的值或定义的环境数据等。例如，焊接机器人某个关节运动的程序语句如图4-5所示。该程序语句执行时，焊接机器人上焊枪的运动轨迹如图4-6所示。

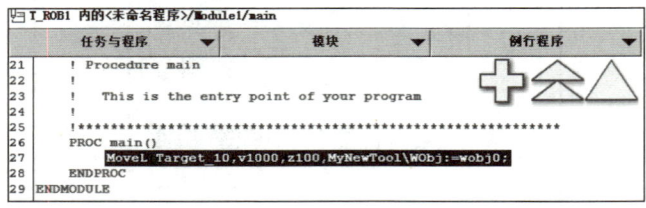

图4-5　焊接机器人某个关节运动的程序语句

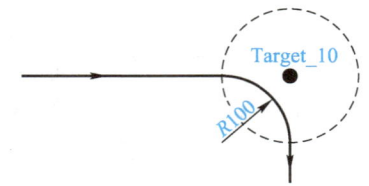

图4-6　焊接机器人上焊枪的运动轨迹

图4-5中，"MoveL"为运动指令，"Target_10,v1000,z100,MyNewTool\WObj:=wobj0;"为程序数据。其中，程序数据说明如表4-4所示。

表 4-4　程序数据说明

程序数据	类型	说明
Target_10	robtarget	目标位置数据
v1000	speeddata	速度数据（1 000 mm/s）
z100	zonedata	转弯半径数据（100 mm）
MyNewTool	tooldata	工具数据
WObj:=wobj0	wobjdata	工件数据

2．程序数据的类型

在 RobotStudio 软件中，常用的程序数据类型如表 4-5 所示。

表 4-5　常用的程序数据类型

类型	说明	类型	说明
bool	逻辑值数据（true 或 false、1 或 0、开或关）	wobjdata	工件数据
		speeddata	速度数据
num	数值型数据	tooldata	工具数据
string	字符串数据	zonedata	转弯半径数据
byte	8 位整数数据 0～255	loaddata	有效载荷数据
clock	计时数据	robtarget	目标位置数据

在 RobotStudio 软件中，全部的程序数据类型可以在示教器中查阅并使用，具体操作步骤如下。

步骤1▶ 在虚拟示教器中，单击"主菜单"按钮，选择"程序数据"选项，进入"程序数据-已用数据类型"界面。单击"视图"按钮，选择"全部数据类型"选项，此时显示出 ABB 工业机器人的全部数据类型，如图 4-7 所示。

步骤2▶ 在"全部数据类型"界面中，选择"bool"→"显示数据"→"新建"选项，进入"新数据声明"界面。设定相关值之后，单击"确定"按钮，便可创建一个 bool 型程序数据，如图 4-8 所示。参照此步骤，可创建其他类型的程序数据。

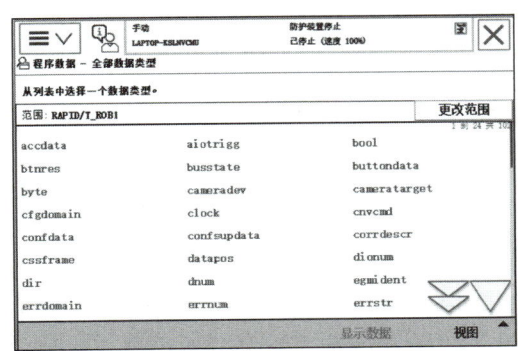

图 4-7　ABB 工业机器人的全部数据类型

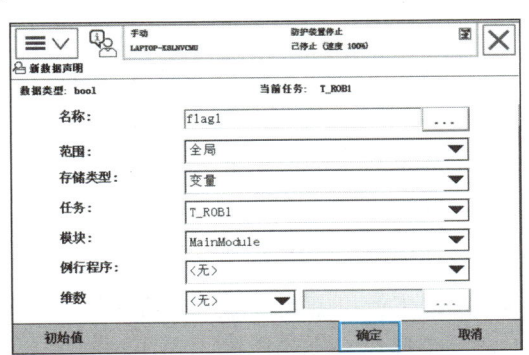

图 4-8　创建一个 bool 型程序数据

3. 程序数据的存储类型

ABB 工业机器人程序数据的存储类型主要分为常量（CONST）、变量（VAR）和可变量（PERS）三种。

（1）常量在定义时已经赋值，在程序执行过程中其值不能被修改。编程示例如下。

CONST num N1:=5.00;   ! 定义常量 N1 的值为 5.00

（2）变量的数值在程序运行过程中可随时进行修改，且在执行中和停止时会保持最后赋予的值，但如果程序指针被移到主程序，则数值丢失。编程示例如下。

VAR num length:=0;   ! 定义变量 length 的初始值为 0

（3）可变量没有初始值，可在程序中进行赋值操作，无论程序指针如何变化，工业机器人控制器是否重启，其数值都会保持最后赋予的值。编程示例如下。

PERS num NUMBER:=1;   ! 定义可变量 NUMBER 的值为 1

知识链接

程序指针是编程语言中的一个对象，它的数值直接指向存储在存储器中某处的值。如果将 ABB 工业机器人的存储器当成一本书，指针便是一张记录了书中某个页码的便利贴。

笔记

二、工业机器人的坐标系

工业机器人的坐标系主要用于确定和描述空间中点的位置，它由原点、坐标轴和方向等组成。ABB 工业机器人主要采用 4 种类型的坐标系，即机座坐标系、大地坐标系、工具坐标系和工件坐标系。

（一）机座坐标系

机座坐标系一般将原点置于工业机器人机座底部的中心，是以工业机器人机座为基准，描述工业机器人本体运动的直角坐标系，如图 4-9 所示。工业机器人机座的安装相对固定，可提供一个稳定的参考坐标系，这一特性不仅便于确定并计算工业机器人本体的位置、方向和姿态等参数，还使得工业机器人能够灵活执行各种任务。

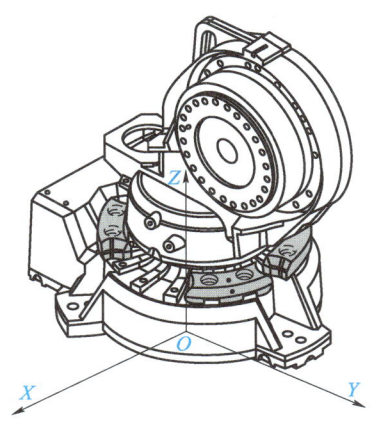

图 4-9　机座坐标系

（二）大地坐标系

大地坐标系是以地面为基准的直角坐标系，又称为世界坐标系。工业机器人的大地坐标系涵盖范围广，可以是一个工作单元，也可以是一套流水线系统，无论对象如何改变，大地坐标系都处于固定的位置。一般情况下，对于独立的垂直安装的工业机器人，大地坐标系和机座坐标系在同一位置。在某些特殊情况下，如一台工业机器人倾斜或倒置安装时，需要通过大地坐标系来确定机座坐标系的原点和方向。当安装有两台或多台工业机器人时，大地坐标系与第一台工业机器人的机座坐标系在同一位置。

（三）工具坐标系

工具坐标系是以工具中心点（TCP）为原点，以工具中心线为 Z 轴，并以工具接近工件的方向为 Z 轴正向的坐标系，如图 4-10 所示。工具坐标系是相对于机座坐标系的局部坐标系，在定义工具的安装位置和方向时可作为重要的参考依据。

工业机器人在未安装工具时，默认的工具坐标系（见图 4-11）的原点位于工业机器人腕部安装法兰（即 tool0）的中心。当腕部安装工具后，其工具坐标系则被定义为 tool0 的偏移值，此工具坐标系的原点便为 TCP。执行程序时，工业机器人便可将 TCP 移动至编程位置。

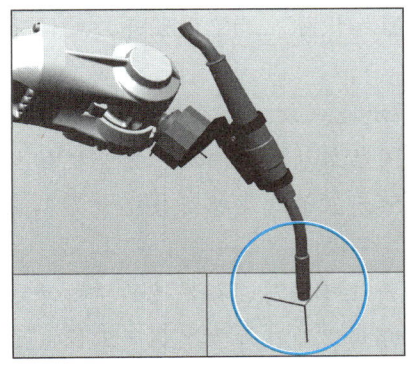

图 4-10　工具坐标系

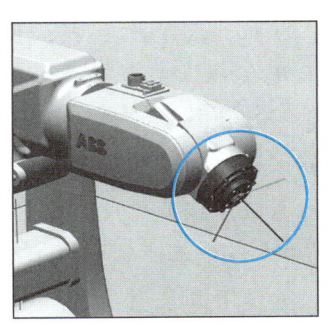

图 4-11　默认的工具坐标系

知识链接

更换工具时，只需要重新定义工具坐标系（不用更改程序）便可使TCP实现相同的移动。这是因为工具坐标系建立在tool0的基础上，而tool0和工具之间的相对位置和姿态没有发生变化。

工业机器人工具坐标系的定义方法有四点法、五点法和六点法三种，四点法不改变tool0的坐标轴方向；五点法需要改变tool0的Z轴方向；六点法需要改变tool0的X轴和Z轴方向。

在RobotStudio软件中，这三种定义方法分别对应"TCP（默认方向）""TCP和Z""TCP和Z，X"三个选项。

（四）工件坐标系

工件坐标系用于定义工件相对于大地坐标系或其他坐标系的位置。当系统涉及多个工件时，可以为每个工件设置独立的工件坐标系；同时，对于同一个工件的不同位置，也可通过设置相应的工件坐标系来表示。

ABB工业机器人工件坐标系的定义采用三点法，即分别在X轴上取两点X1和X2，在Y轴上取一点Y1，从而确定工件坐标系。

砥节砺行

与工业机器人"共舞"

几年前，王念飞还是一名中学生，心中迷茫；如今的他，已在各级职业技能大赛中摘金夺银，未来可期。

上学期间，除了努力学习专业课程、按时进行体能训练之外，王念飞一天到晚都会泡在实训基地，反复操作练习，有时甚至到凌晨才回宿舍。"最初研究一个工业机器人编程，至少要耗费几天时间，但是每次都很值得。"王念飞说，通过编程向工业机器人发出不同的指令，指挥工业机器人代替人工完成任务，就像是在给工业机器人"当老师"，让他充满了成就感。

几年来，王念飞参加了很多比赛，虽然一次比一次难，但他却在一次次验证、一次次纠错中慢慢成长。2022年，他在全国第二届"慧阳杯"工业机器人虚拟拆装线上大赛中获得二等奖。2023年，他在河南省第二届职业技能大赛工业机器人系统操作员项目比赛中斩获金牌。

"在当今工业领域，工业机器人正成为驱动产业升级与创新发展的核心动力之一，为培育发展新质生产力提供了强大动力。"郑州工业技师学院电气工程系主任

项目四 设定工业机器人程序数据

苏琦介绍，工业机器人应用范围越来越广泛，比如喷涂、搬运、码垛、焊接等作业，都可以由工业机器人高效准确地完成。

"工业机器人系统操作员具有广阔的职业发展前景。"苏琦说，目前国内工业机器人应用人才仍存在较大缺口。作为工业应用环节的关键一环，工业机器人系统操作员备受青睐，相关岗位从业人员薪资或将逐渐提升。

即将毕业的王念飞，已被学校临聘为助教，并在为河南省第三届职业技能大赛做准备。谈及将来的打算，王念飞信心满满地说，他将继续与工业机器人"共舞"，努力成为工业机器人编程和操作方面的专家。

实训基地一隅，一群十六七岁的年轻人正在专心致志地听课、训练。窗外的世界，已为他们备好宽广的舞台和展示的机会。

（资料来源：赵大明，《工业机器人系统操作员王念飞 与工业机器人"共舞"》，大河网，2024年4月28日）

项目实施

在进行正式的编程之前，需要创建三个关键程序数据，即工具数据（tooldata）、工件数据（wobjdata）和有效载荷数据（loaddata）。这三个关键程序数据是构建工业机器人编程环境的必要条件。下面介绍这三个关键程序数据的设定方法。

一、设定工具数据

工具数据是用于描述安装在工业机器人第6轴上工具的位置、质量和重心等参数的数据。工具数据会影响工业机器人的控制算法、速度和加速度的监控、力矩的监控、碰撞的监控、能量的监控等，因此必须正确设定，具体操作步骤如下。

设定工业机器人程序数据

步骤1▶ 使用RobotStudio打开工作站打包文件"NO4.rspag"，然后打开虚拟示教器，将显示语言改为中文，选择手动模式。单击虚拟示教器左上角的"主菜单"按钮，选择"手动操纵"选项，进入手动操纵的参数设定界面，如图4-12所示。

步骤2▶ 选择"工具坐标"选项，进入工具选择界面，单击"新建"按钮，进入"新数据声明"界面，各参数保持默认，如图4-13所示。单击"确定"按钮，新建名称为"tool1"的工具数据项目。

步骤3▶ 在工具选择界面，选择"tool1"选项，单击"编辑"按钮，选择"定义"选项，如图4-14所示。

步骤4▶ 在"工具坐标定义"界面中，单击"方法"右边的下拉菜单，选择"TCP和Z，X"选项，如图4-15所示。

工业机器人编程与操作

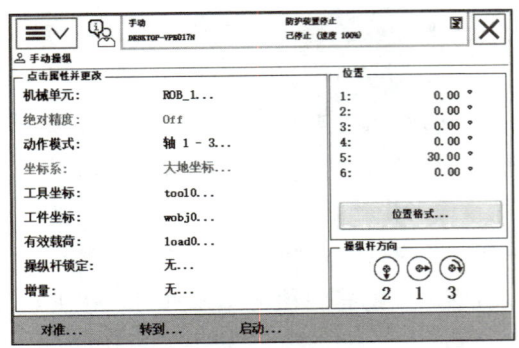

图4-12　手动操纵的参数设定界面

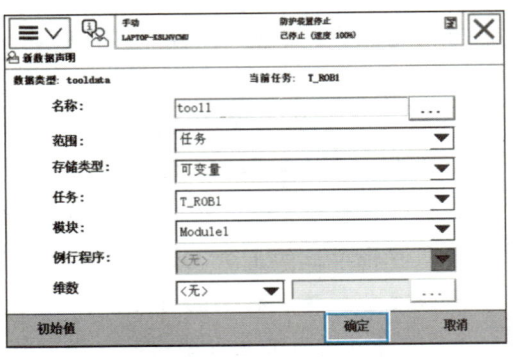

图4-13　"新数据声明"界面

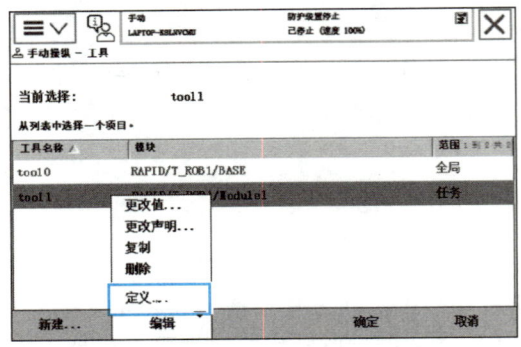

图4-14　选择"定义"选项

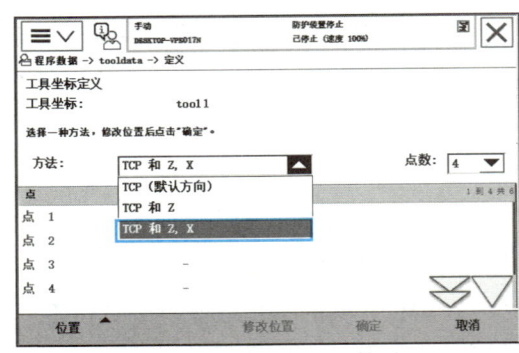

图4-15　选择"TCP和Z,X"选项

步骤5▶　在虚拟示教器右侧，单击使能器按钮"Enable"。操纵示教器上的操纵杆，使TCP靠近工件上的固定点，选择"点1"选项，单击"修改位置"按钮，标定和记录第一点，如图4-16所示。

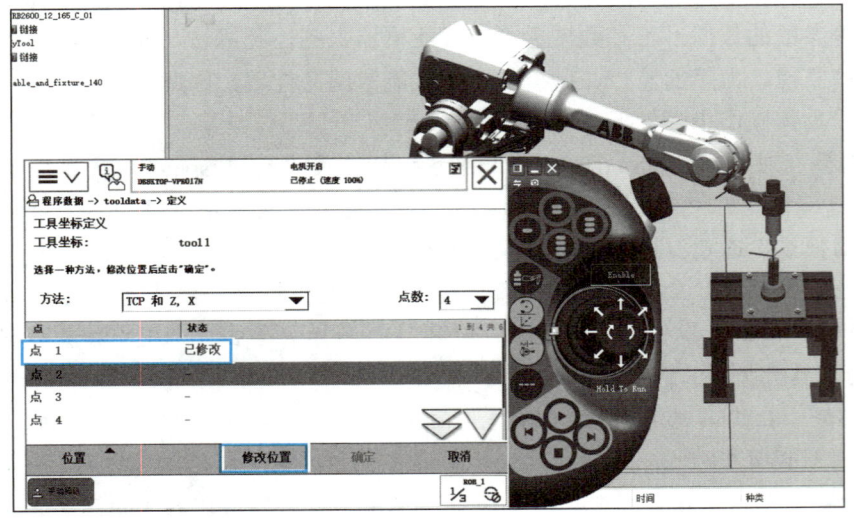

图4-16　标定和记录第一点

步骤 6▶ 操纵示教器上的操纵杆，重新调整工业机器人位姿。参照步骤 5，标定和记录其余三点，如图 4-17 所示。

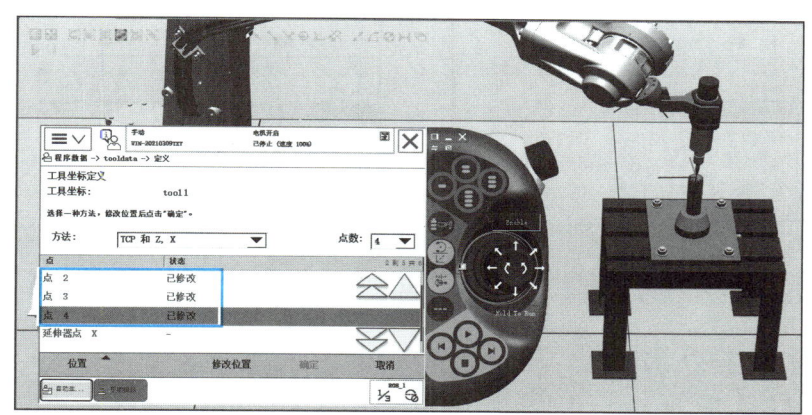

图 4-17 标定和记录其余三点

步骤 7▶ 对于"延伸器点 X"和"延伸器点 Z"，需要先沿着默认工具坐标系的 X 轴和 Z 轴调整工业机器人位姿，然后进行标定和记录，如图 4-18 所示。

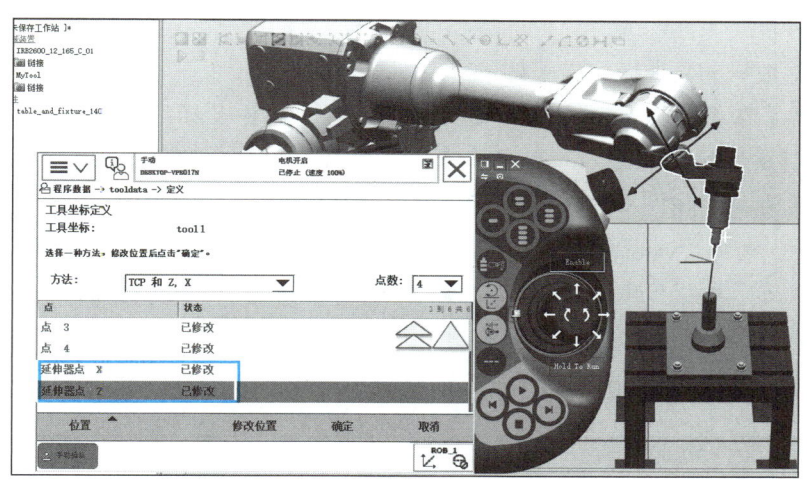

图 4-18 标定和记录延伸器点

步骤 8▶ 在所有点被标定和记录之后，单击"确定"按钮，进入"计算结果"界面，显示工具坐标误差（误差越小越好），如图 4-19 所示。单击"确定"按钮，工具坐标设定完成，此时会返回工具选择界面。

步骤 9▶ 选择"tool1"选项，单击"编辑"按钮，选择"更改值"选项，进入工具数据的参数设定界面。选择"mass"选项，弹出小键盘，设定工具质量参数（若将参数设定为 1，则表示该工具质量为 1 kg），单击"确定"按钮，如图 4-20 所示。所有参数设定完毕后，单击"确定"按钮，完成工具数据的设定。

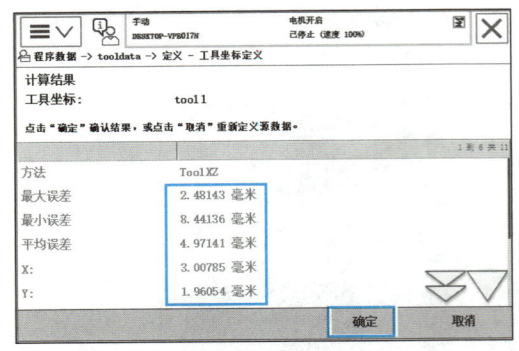

图4-19 显示工具坐标误差

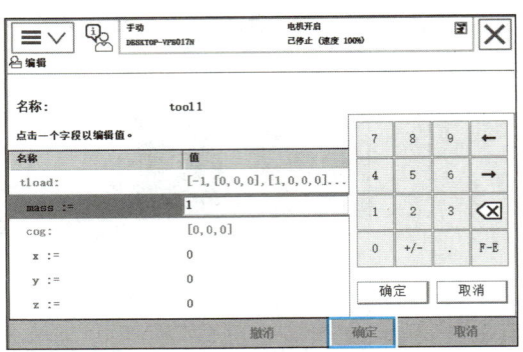

图4-20 设定工具质量参数

二、设定工件数据

工件数据即工件坐标系的数据，在进行工业机器人编程时，可在工件坐标系中创建目标和路径，这样做有以下两个优点。

（1）重新定位工件时，只需要更改工件坐标系的位置，所有路径也将随之更新。

（2）允许操作沿外轴或传送导轨移动的工件，因为整个工件可以连同其路径一起移动。

设定工件数据的具体操作步骤如下。

步骤1▶ 在手动操纵的参数设定界面，选择"工件坐标"选项。在工件选择界面中，单击"新建"按钮，进入"新数据声明"界面。各参数保持默认，单击"确定"按钮，新建名称为"wobj1"的工件数据项目，如图4-21所示。

步骤2▶ 选择"wobj1"选项，单击"编辑"按钮，选择"定义"选项，进入"工件坐标定义"界面，单击"用户方法"右边的下拉菜单，选择"3点"选项，如图4-22所示。

步骤3▶ 手动操纵工业机器人，使TCP靠近工件的点X1，选择"用户点X1"，单击"修改位置"按钮，标定和记录第一点，如图4-23所示。

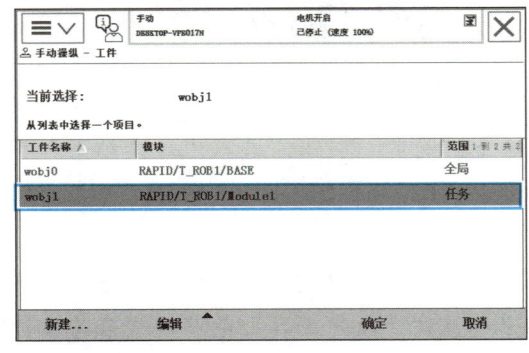

图4-21 新建工件数据项目

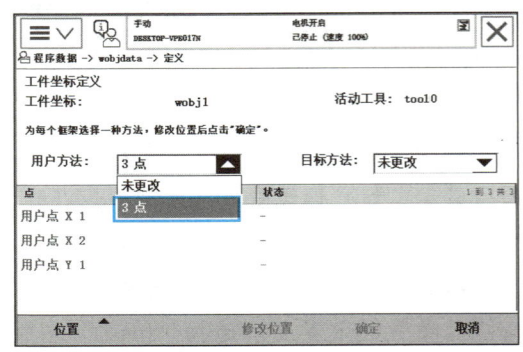

图4-22 选择"3点"选项

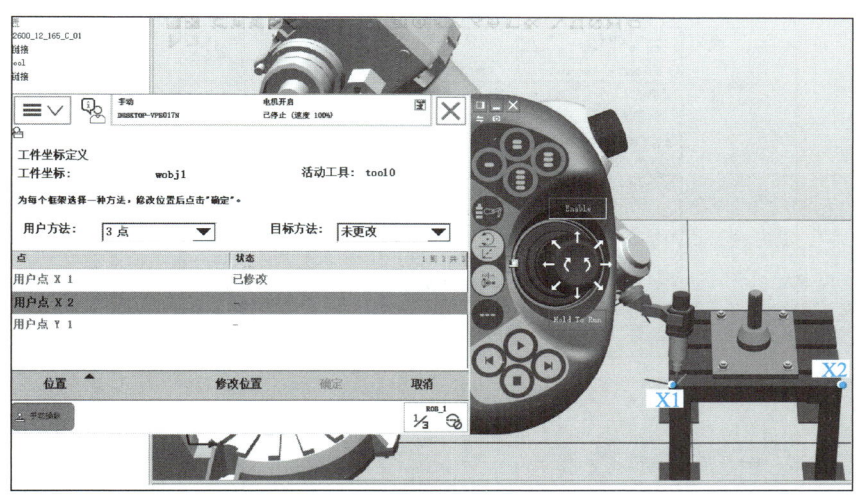

图 4-23 标定和记录第一点

步骤 4 手动操纵工业机器人，使 TCP 沿着 X 轴由点 X1 移动至点 X2 的位置，选择"用户点 X2"，单击"修改位置"按钮，标定和记录第二点。同理，使 TCP 沿着 Y 轴由点 X1 移动至点 Y1 的位置，选择"用户点 Y1"，单击"修改位置"按钮，标定和记录第三点，如图 4-24 所示。

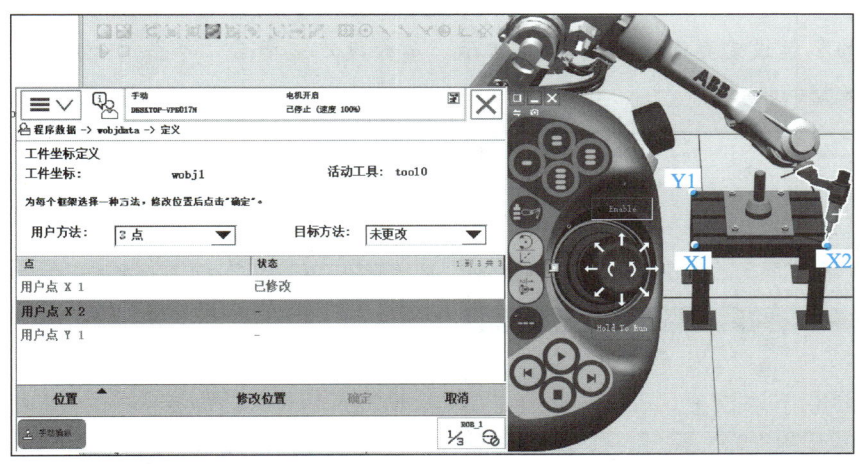

图 4-24 标定和记录其余两点

步骤 5 三个点位全部标定和记录之后，单击"确定"按钮，进入"计算结果"界面，显示工件坐标误差，如图 4-25 所示。单击"确定"按钮，工件坐标设定完成，此时会返回工件选择界面。

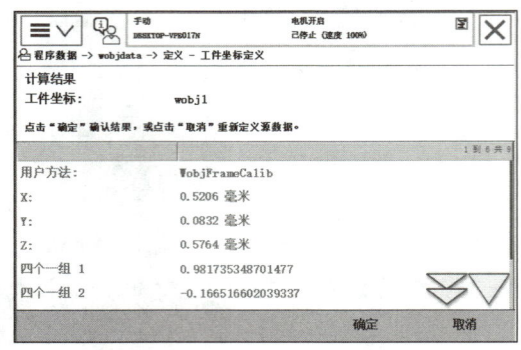

图 4-25 显示工件坐标误差

三、设定有效载荷数据

以搬运机器人为例，由于其臂部承受的载荷是不断变化的，因此要正确设定搬运对象的有效载荷数据 loaddata，具体操作步骤如下。

步骤 1 在手动操纵的参数设定界面，选择"有效载荷"选项。在有效载荷选择界面中，单击"新建"按钮，进入"新数据声明"界面。各参数保持默认，单击"确定"按钮，新建名称为"load1"的有效载荷数据项目，如图 4-26 所示。

步骤 2 选择"load1"选项，单击"编辑"按钮，选择"更改值"选项，进入有效载荷数据的参数设定界面，如图 4-27 所示。参数设定完毕后，单击"确定"按钮，完成有效载荷数据的设定。

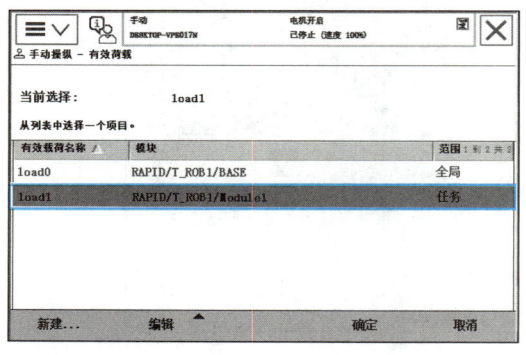

图 4-26 新建有效载荷数据项目

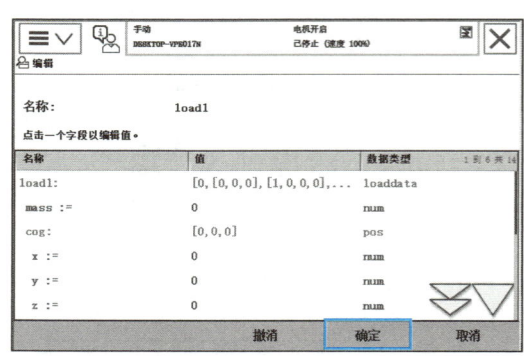

图 4-27 有效载荷数据的参数设定界面

> **小提示**
>
> 在工具数据 tooldata 和有效载荷数据 loaddata 的设定中，用户需要自己测量工具的质量和重心，然后再填写参数，容易产生较大的误差。因此，可使用工具自动识别程序 LoadIdentify 来解决这个问题。

项目四 设定工业机器人程序数据

学习效果测评

一、填空题

（1）ABB 工业机器人的程序主要包含系统模块和_____模块。

（2）ABB 工业机器人的系统模块包含_____模块和_____模块。

（3）ABB 工业机器人坐标系的主要类型是机座坐标系、_____、_____和_____。

（4）例行程序的三种类型是_____、_____和_____。

（5）一台倒置安装的工业机器人，需要通过_____坐标系来确定机座坐标系的原点和方向。

二、选择题

（1）在 RobotStudio 软件中，工具坐标系的定义方法"TCP 和 Z"属于（   ）。
    A．三点法　　　　　　　　B．四点法
    C．五点法　　　　　　　　D．六点法

（2）wobjdata 是（   ）。
    A．工具数据　　　　　　　B．工件数据
    C．有效载荷数据　　　　　D．重心数据

（3）tooldata 是（   ）。
    A．工具数据　　　　　　　B．工件数据
    C．有效载荷数据　　　　　D．重心数据

（4）loaddata 是（   ）。
    A．工具数据　　　　　　　B．工件数据
    C．有效载荷数据　　　　　D．重心数据

（5）下列选项中不属于程序数据存储类型的是（   ）。
    A．CONST　　　B．VAR　　　C．PERS　　　D．BOOL

（6）下列选项中属于字符串数据类型的是（   ）。
    A．bool　　　　B．num　　　C．string　　　D．byte

三、简答题

（1）什么是机座坐标系？

（2）简述设定有效载荷数据的原因。

项目总结与反馈

指导教师根据学生的实际学习情况进行评价,学生配合指导教师共同完成如表 4-6 所示的学习成果评价表。

表 4-6 学习成果评价表

班级		组号		日期	
姓名		学号		指导教师	
评价项目	评价内容			满分/分	评分/分
知识(30%)	熟悉工业机器人的程序数据			15	
	了解工业机器人的坐标系			15	
技能(50%)	能够对工具数据进行设定			20	
	能够对工件数据进行设定			15	
	能够对有效载荷数据进行设定			15	
素质(20%)	积极参加教学活动,主动学习、思考、讨论			5	
	认真负责,按时完成学习、训练任务			5	
	团结协作,组员之间能够密切配合			5	
	服从指挥,遵守课堂纪律			5	
合计				100	
自我评价					
指导教师评价					

项目五
编写简单的工业机器人程序

项目导读

工业机器人编程是工业机器人技术的重要组成部分，它是使工业机器人完成特定任务的动作顺序描述。ABB 工业机器人常用的编程语言是 RAPID 语言。RAPID 语言拥有丰富的编程指令，可以实现工业机器人在焊接、搬运、码垛等方面的应用。常用的编程指令有赋值指令、运动控制指令、循环指令等。掌握这些指令的作用及使用方法，对于编写工业机器人程序是十分必要的。

本项目将先介绍工业机器人编程的基础知识，然后在此基础上介绍编写简单工业机器人程序的具体步骤。

学习目标

知识目标

- 掌握赋值指令、运动控制指令、流程控制指令、I/O 控制指令的作用及使用方法。
- 熟悉运算符和数学指令的作用。
- 熟悉工业机器人编程的一般步骤。

技能目标

- 能够新建例行程序。
- 能够添加简单的程序指令。

素质目标

- 培育崇尚技艺、求实创新的职业品质。
- 树立爱岗敬业、忠于职守的事业精神。

项目五　编写简单的工业机器人程序

项目工单——了解工业机器人编程指令

一、思维导图

思维导图（见图5-1）可清晰地描绘出本项目需要学习的要点。请学生根据思维导图预习相关知识，以便更有针对性地学习。

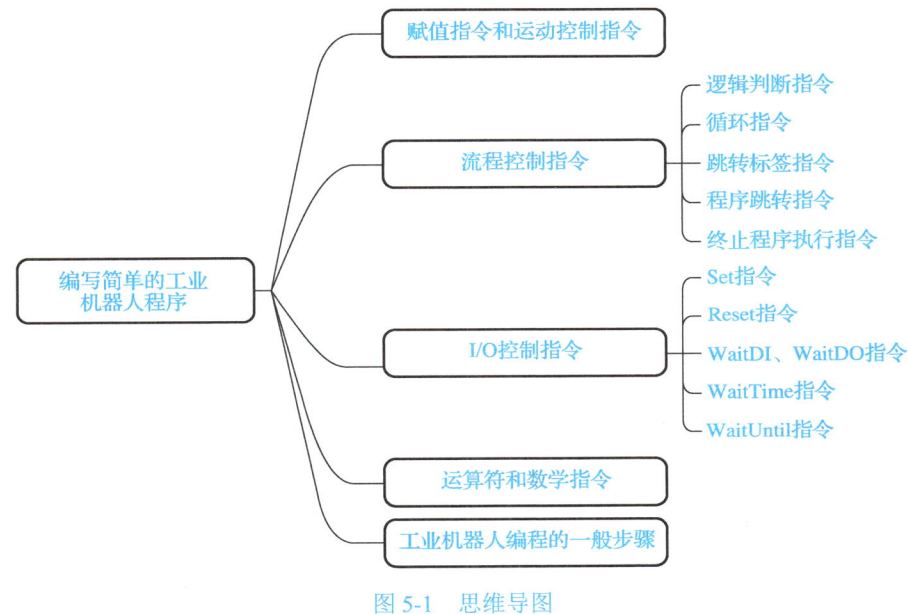

图 5-1　思维导图

二、小组分工

以 3~5 人为一组，选出组长并进行小组分工，将小组概况及分工填入表 5-1 中。

表 5-1　小组概况及分工

班级		组号		指导教师	
小组成员	姓名	学号	小组分工		
组长					
组员					

79

三、制订计划

根据小组分工，查阅相关资料，了解工业机器人编程常用指令的作用及使用方法，制订工作计划，并将其填入表 5-2 中。

表 5-2　工作计划

步骤	工作内容	负责人

四、成长记录

学习本项目后，学生可以通过截图、录视频、保存系统文件的方式记录自己的项目实施成果。在表 5-3 中，可以展示自己的项目实施成果，也可以将项目实施过程中遗漏的要点、遇到的问题和解决方法记录下来。

表 5-3　成长记录表

（可以将项目实施成果展示在此处；也可以在此处记录项目实施过程中遗漏的要点、遇到的问题和解决方法等）

项目五 编写简单的工业机器人程序

知识准备

一、赋值指令和运动控制指令

在 RAPID 语言中，赋值指令和运动控制指令是最基本、最常用的指令。

（一）赋值指令

赋值指令用于对程序数据进行赋值，其符号为":="。赋值指令适用于全部数据类型，是 RAPID 语言中使用频率最高的指令之一。赋值指令编程示例如下。

reg1:=17;　　　　　　　！将常量 17 赋给 reg1
reg2:= reg1+8;　　　　　！将表达式 reg1+8 的值赋给 reg2
counter:=counter+1;　　！counter 增加 1

（二）运动控制指令

ABB 工业机器人在空间中的运动主要有关节运动、线性运动、圆弧运动和绝对位置运动 4 种方式，分别通过 MoveJ 指令（关节运动指令）、MoveL 指令（线性运动指令）、MoveC 指令（圆弧运动指令）、MoveAbsJ 指令（绝对位置运动指令）来实现。

1. MoveJ 指令

MoveJ 指令是在对轨迹精度要求不高的情况下，将工业机器人的 TCP 快速移动至给定目标点的指令。MoveJ 指令适用于工业机器人大范围运动的场合，在运动过程中不易出现关节轴进入机械死点的问题。

MoveJ 指令只关注 TCP 的起始点和目标点，其运动轨迹不一定是直线，如图 5-2 所示。

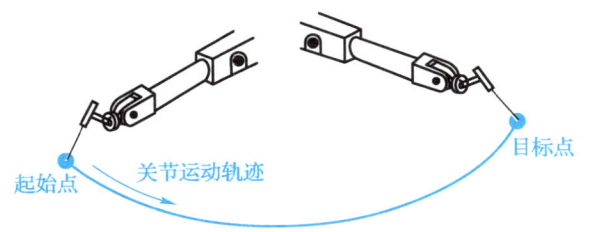

图 5-2　关节运动轨迹示意图

MoveJ 指令的使用格式如下。
MoveJ ToPoint,Speed,Zone,Tool;
MoveJ 指令各参数含义：① MoveJ 为指令代码；② ToPoint 为目标点，可存储一个位置数据；③ Speed 为移动速度数据，单位为 mm/s；④ Zone 为转弯区数据，即转弯半径，单位为 mm；⑤ Tool 为工具坐标数据。

81

MoveJ 指令编程示例如下。

MoveJ p10,vmax,z30,tool2;

说明：工业机器人将工具 tool2 的 TCP 沿着一个非线性路径移动至目标点 p10，其移动速度数据为用户预定义的 speeddata 型数据 vmax，转弯半径为 30 mm。

2．MoveL 指令

MoveL 指令用于将工业机器人的 TCP 沿直线移动至给定目标点（见图 5-3），该指令可以通过设置目标点位置、运动速度等来实现对工业机器人运动的精确控制。在线性运动过程中，工业机器人的运动状态可控，运动轨迹具有唯一性，可能引发机械死点问题。

图 5-3　线性运动轨迹示意图

MoveL 指令的使用格式如下。

MoveL ToPoint,Speed,Zone,Tool;

MoveL 指令编程示例如下。

MoveL p20,v2000,fine,grip3;

说明：工业机器人将工具 grip3 的 TCP 沿直线移动至目标点 p20，移动速度为 2 000 mm/s，不使用转弯半径过渡。

3．MoveC 指令

MoveC 指令是将工业机器人的 TCP 沿圆弧移动至给定目标点，圆弧路径由起始点、中间点和目标点来确定，如图 5-4 所示。在圆弧运动过程中，工业机器人的运动状态可控，运动轨迹具有唯一性。MoveC 指令常用于工业机器人在工作状态下的移动。

使用 MoveC 指令时应注意，只通过一个 MoveC 指令是不可能实现一个圆周运动的。

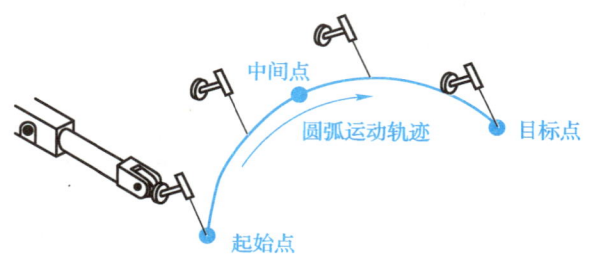

图 5-4　圆弧运动轨迹示意图

MoveC 指令的使用格式如下。

MoveC CirPoint,ToPoint,Speed,Zone,Tool;

MoveC 指令各参数含义：① MoveC 为指令代码；② CirPoint 为中间点，可存储一个 robtarget 型数据；③ ToPoint 为目标点，可存储一个 robtarget 型数据；④ Speed 为移动速度数据；⑤ Zone 为转弯区数据；⑥ Tool 为工具坐标数据。

MoveC 指令编程示例如下。

MoveC p30,p40,v500,z30,tool2;

说明：工业机器人将工具 tool2 的 TCP 沿圆弧经中间点 p30 移动至目标点 p40，其移动速度为 500 mm/s，转弯半径为 30 mm。

4．MoveAbsJ 指令

MoveAbsJ 指令用于将机械臂和外轴移动至轴位置中指定的绝对位置（绝对轴位置）。运动时工业机器人会以单轴运行，不存在机械死点，但运动状态完全不可控。MoveAbsJ 指令常用于令工业机器人各轴回到原点。

MoveAbsJ 指令的使用格式如下。

MoveAbsJ ToJointPos,Speed,Zone,Tool;

MoveAbsJ 指令各参数含义：① MoveAbsJ 为指令代码；② ToJointPos 为绝对轴位置数据；③ Speed 为移动速度数据；④ Zone 为转弯区数据；⑤ Tool 为工具坐标数据。

MoveAbsJ 指令编程示例如下。

MoveAbsJ p50,v1000,z50,tool2;

说明：工业机器人将工具 tool2 的 TCP 沿一个非线性路径移动到绝对轴位置 p50，其移动速度为 1 000 mm/s，转弯半径为 50 mm。

MoveAbsJ */NoEOffs,v100,z10,tool1;

说明：工业机器人将工具 tool1 的 TCP 沿一个非线性路径移动到绝对轴位置 "*"（该数据直接存储在指令中），其移动速度为 100 mm/s，不使用外部偏移（NoEOffs），转弯半径为 10 mm。

> **知识链接**
>
> 绝对轴位置数据 "*" 由工业机器人本体关节位置和外部轴位置两组数据复合而成。对于有 6 个关节轴的工业机器人来讲，当其各轴回到机械原点时，本体关节位置数据为 "[0, 0, 0, 0, 0, 0]"，数据内的数字表示绝对角度（关节运动关节轴）或绝对位置（线性运动关节轴）。同样，外部轴位置数据也用绝对角度或绝对位置表示，若不使用外部轴，则位置数据为 "[9E+9, 9E+9, 9E+9, 9E+9, 9E+9, 9E+9]"。

二、流程控制指令

流程控制指令用于控制程序的执行流程，使工业机器人能够根据实际情况完成不同的运动，从而实现更复杂、更灵活的生产加工工艺。

常用的流程控制指令有逻辑判断指令、循环指令、跳转标签指令、程序跳转指令和终止程序执行指令。

(一) 逻辑判断指令

ABB 工业机器人常用的逻辑判断指令包括 Compact IF 指令、IF 指令和 TEST 指令。

1. Compact IF 指令

Compact IF 指令（"紧凑型"条件判断指令）根据判断结果只能执行一个指令或语句。Compact IF 指令的使用格式如下。

IF <条件表达式> <指令或语句>;

Compact IF 指令编程示例如下。

IF count>4 set do1;

说明：如果 count>4，则置位数字输出信号 do1。

2. IF 指令

IF 指令（条件判断指令）可以进行多重判断，根据不同的条件判断结果，执行相对应的指令或语句。IF 指令的使用格式如下。

IF <条件表达式> THEN
   <指令或语句 1>;
ELSEIF <条件表达式> THEN
   <指令或语句 2>;
ELSE
   <指令或语句 3>;
ENDIF

IF 指令编程示例如下。

IF reg1>0 AND reg1<10 THEN
  Set do1;
ELSEIF reg1>=10 THEN
  Reset do1;
ELSE
  reg1:=0;
ENDIF

说明：如果 0＜reg1＜10，则置位数字输出信号 do1；如果 reg1≥10，则复位数字输出信号 do1；如果 reg1 不满足以上两个条件，则 reg1 为 0。

3. TEST 指令

TEST 指令可以对表达式或数据的多个常量值进行判断，根据不同的常量值执行相对应的指令或语句。TEST 指令的使用格式如下。

```
TEST <表达式或数据>
    CASE <值 1>:
        <指令或语句 1>;
    CASE <值 2>:
        <指令或语句 2>;
    ……
    CASE <值 n>:
        <指令或语句 n>;
    DEFAULT:
        <指令或语句>;
ENDTEST
```

小提示

（1）TEST 指令可以添加多个判断条件"CASE"，但只能有一个默认设置"DEFAULT"。

（2）TEST 指令可以对所有数据类型进行判断，但是进行判断的数据必须拥有值。

（3）如果选择条件较少，也可用 IF 指令代替。

TEST 指令编程示例如下。

```
TEST reg1
    CASE 1:
        MoveL p10,v1000,fine,tool1;
    CASE 2,3:
        MoveL p20,v1000,fine,tool1;
    DEFAULT:
        Stop;
ENDTEST
```

说明：对 reg1 的值进行判断，如果为 1，则工业机器人将工具 tool1 的 TCP 沿直线移动至目标点 p10；如果为 2 或 3，则工业机器人将工具 tool1 的 TCP 沿直线移动至目标点 p20；如果全不符合，则工业机器人停止运动。

（二）循环指令

ABB 工业机器人中常用的循环指令有 FOR 指令和 WHILE 指令。

1. FOR 指令

FOR 指令是在一个或多个指令或语句需要重复多次时使用的指令。FOR 指令的使用格式如下。

FOR <循环计数器数据名称> FROM <起始值> TO <结束值> [STEP <步长值>] DO
   <指令或语句>;
ENDFOR

FOR 指令编程示例如下。

FOR p FROM 4 TO 12 STEP 2 DO
   routine1;
ENDFOR

说明：例行程序 routine1 重复 5 次，因为步长值为 2，所以 p 的值依次为 4、6、8、10、12。

> **小提示**
>
> （1）循环计数器数据名称不需要提前定义，其为 num 型数据。
> （2）FORM、TO 和 STEP 的值均为 num 型数据。
> （3）如果循环计数器数据的值在起始值和结束值的范围之外，则指针跳出 FOR 循环，程序紧接 ENDFOR 继续往下执行。

2. WHILE 指令

WHILE 指令同样用于创建一个循环，该循环会一直执行循环内的语句，直到给定的条件表达式的值为 FALSE。WHILE 指令的使用格式如下。

WHILE <条件表达式> DO
   <指令或语句>;
ENDWHILE

WHILE 指令编程示例如下。

WHILE reg1<8 DO
   reg1:=reg1+1;
ENDWHILE

说明：只要 reg1<8 的条件成立，循环内的语句（令 reg1 增加 1）便一直执行；否则，便跳出 WHILE 循环。

（三）跳转标签指令

在程序运行中，如果要将程序执行跳转到相同程序内的另一线程，可以用 GOTO 指令和 LABEL 指令组成的跳转标签指令实现。其中，LABEL 指令用于指定线程（即标签）名称，该线程名称具有唯一性。

跳转标签指令编程示例如下。

```
MoveL p10,v1000,fine,tool1;
    Reset do1;
WaitTime 0.5;
    GOTO Pick;                    ! 跳转至线程 Pick
……
Pick:                             ! 线程 Pick 的标签
```

说明：当工业机器人将工具 tool1 的 TCP 沿直线移动至目标点 p10 后，复位数字输出信号 do1，并且等待 0.5 s，然后程序执行跳转到名称为 Pick 的线程。

（四）程序跳转指令

程序跳转指令有三种，如表 5-4 所示。

表 5-4　程序跳转指令

指令	作用
ProcCall	调用（跳转至）其他无返回值程序
CallByVar	调用具有特定名称的无返回值程序
RETURN	返回原程序

（1）ProcCall 指令用于将程序执行跳转至另一个无返回值程序。当无返回值程序被充分执行后，程序将继续执行过程调用后的指令。ProcCall 指令编程示例如下。

```
errormessage;
Set do1;
……
PROC errormessage()
TPWrite "ERROR";                  ! 在示教器上显示输入的文本
ENDPROC
```

说明：调用无返回值程序 errormessage，当该无返回值程序就绪时，程序执行过程调用之后的指令，即置位数字输出信号 do1。

（2）CallByVar 指令可用于调用具有特定名称的无返回值程序，不能用来调用 LOCAL（本地）程序。CallByVar 指令编程示例如下。

```
reg1:=2;
CallByVar "proc",reg1;
```

说明：调用无返回值程序 proc2。

（3）RETURN 指令用于当此指令被执行时，马上结束本例行程序，使程序指针返回调用指令位置的下一行。RETURN 指令编程示例如下。

```
PROC main()
    reg1:=1;
    routine1;
    reg1:=8;
ENDPROC

PROC routine1()
    reg1:=reg1+1;
RETURN;
    reg1:=4;
ENDPROC
```

说明：当程序指针执行到 RETURN 指令时，会立即返回"reg1:=8;"并继续执行；RETURN 指令后的"reg1:=4;"则被跳过不执行。

（五）终止程序执行指令

终止程序执行指令有 4 种，如表 5-5 所示。

表 5-5 终止程序执行指令

指令	作用
Stop	停止程序执行
EXIT	不允许程序重启，终止程序执行
Break	为排除故障，临时终止程序执行
SystemStopAction	终止程序执行和机械臂移动

其中，Stop 指令的使用较为频繁。在 Stop 指令就绪之前，将完成当前执行的所有移动。Stop 指令编程示例如下。

TPWrite "The line to the host computer is broken";
Stop;

说明：在示教器上显示完输入的文本之后，停止程序执行。

三、I/O 控制指令

I/O 控制指令用于控制 I/O 信号，以实现工业机器人与外围设备进行通信的目的。常用的 I/O 控制指令有 Set 指令，Reset 指令，WaitDI、WaitDO 指令，WaitTime 指令和 WaitUntil 指令。

（一）Set 指令

Set 指令（数字信号置位指令）用于将数字输出信号的值设置为 1，从而使对应的执行器开始工作，编程示例如下。

　　Set do1;

说明：将数字输出信号 do1 的值设置为 1。

（二）Reset 指令

Reset 指令（数字信号复位指令）用于将数字输出信号的值设置为 0，编程示例如下。

　　Reset do1;

说明：将数字输出信号 do1 的值设置为 0。

（三）WaitDI、WaitDO 指令

WaitDI、WaitDO 指令用于等待，直至出现已设置数字输入或输出信号的值，可以设定最长等待时间，编程示例如下。

　　WaitDI di1,1

说明：等待数字输入信号 di1 的值为 1，当 di1 为 1 时，程序继续执行；否则，继续等待，直至超出最长等待时间。

（四）WaitTime 指令

WaitTime 指令用于等待给定的时间，也可用于等待机械臂和外轴静止，编程示例如下。

　　WaitTime 0.5

说明：程序执行等待 0.5 s。

　　WaitTime \InPos,0;

说明：程序执行进入等待，直至机械臂和外轴已静止。"\InPos"为可选变量。

（五）WaitUntil 指令

WaitUntil 指令用于所有信号类型和变量状态的等待，直至满足逻辑条件，该指令可以添加多个条件，也可以设定最长等待时间，编程示例如下。

　　WaitUntil di1=1;

说明：等待数字输入信号 di1 的值为 1；否则，继续等待，直到超出最大等待时间。

四、运算符和数学指令

（一）运算符

ABB 工业机器人支持多种运算符，常用的运算符有算术运算符、关系运算符、逻辑运算符和字符串运算符，这些运算符在工业机器人的编程和控制中发挥着重要的作用。

1. 算术运算符

在 RAPID 语言中，算术运算符用于执行基本的数学运算，如表 5-6 所示。

表 5-6 算术运算符

运算符	操作	表达式	运算结果
+	加法	num+num dnum+num	num dnum
	矢量加法	pos+pos	pos
	保留符号	+num +dnum +pos	num dnum pos
	串连接	string+string	string
-	减法	num-num dnum-dnum	num dnum
	矢量减法	pos-pos	pos
	保留符号	-num -dnum -pos	num dnum pos
*	乘法	num*num dnum*dnum	num dnum
	矢量数乘	num*pos pos*num	pos
	矢积	pos*pos	pos
	旋转连接	orient*orient	orient
/	除法	num/num dnum/dnum	num dnum
DIV	整数除法	num DIV num dnum DIV dnum	num dnum
MOD	整数模运算 （取余数）	num MOD num dnum MOD dnum	num dnum

注：pos 表示对象在 3D 空间中的矢量（位置），orient 表示对象在 3D 空间中的方位（旋转）。

2. 关系运算符和逻辑运算符

在 RAPID 语言中，关系运算符和逻辑运算符是用于条件判断和逻辑运算的重要工具，如表 5-7 所示。由关系运算符和逻辑运算符构成的表达式的运算结果为逻辑值（TRUE 或 FALSE）。

表 5-7 关系运算符和逻辑运算符

运算符		操作	表达式	运算结果
关系运算符	<	小于	num<num　　dnum<dnum	bool
	<=	小于等于	num<=num　　dnum<=dnum	bool
	=	等于	任意类型=任意类型	bool
	>	大于	num>num　　dnum>dnum	bool
	>=	大于等于	num>=num　　dnum>=dnum	bool
	<>	不等于	任意类型<>任意类型	bool
逻辑运算符	AND	与	bool AND bool	bool
	XOR	异或	bool XOR bool	bool
	OR	或	bool OR bool	bool
	NOT	非	NOT bool	bool

指令中不同的运算符，应先求解优先级较高的运算符的值，再求解优先级较低的运算符的值。优先级相同的运算符，则按从左到右的顺序逐个求值。运算符的优先级如表 5-8 所示。

表 5-8 运算符的优先级

优先级	运算符
高 ↓ 低	*　/　DIV　MOD
	+　-
	<　>　<>　<=　>=　=
	AND
	XOR　OR　NOT

3．字符串运算符

字符串运算符"+"可将两个字符串连接成一个字符串，编程示例如下。

"IN"+"PUT"　　　　　！得到结果为"INPUT"

（二）数学指令

数学指令用于计算和修改数据数值。如表 5-9 所示为常用的数学指令。

表 5-9　常用的数学指令

指令	作用
Clear	清除指令，用于清除对象，即将数据对象设置为 0
Add	增加数值指令，用于将数据对象增加一个数值（该数值可以为负值）
Incr	自加 1 指令，用于将数据对象增加 1
Decr	自减 1 指令，用于从数据对象减去 1

以 Add 指令为例，其编程示例如下。

Add reg1,3;

说明：将 reg1 增加 3。

Add reg1,-reg2;

说明：从 reg1 减去 reg2。

知识链接

函数相当于编程软件固有的功能程序，可通过函数命令直接调用。算术函数可用于复杂的算术运算，常用的算术函数如表 5-10 所示。

表 5-10　常用的算术函数

函数	作用
Abs	计算绝对值
Round	按四舍五入计算数值
Trunc	取到数值的指定项即终止运算
Sqrt	计算平方根
Exp	以"e"作为底数，计算指数值
Pow	以任意值作为底数，计算指数值
Max	返回两个值中的较大值
Min	返回两个值中的较小值
ACos	计算反余弦值
ASin	计算反正弦值
ATan	计算 [−90°, 90°] 区间内的反正切值
ATan2	计算 [−180°, 180°] 区间内的反正切值
Cos	计算余弦值
Sin	计算正弦值
Tan	计算正切值
EulerZYX	基于方位计算欧拉角
OrientZYX	基于欧拉角计算方位

五、工业机器人编程的一般步骤

工业机器人编程的一般步骤包括任务分析与需求确定、工业机器人选型和编程语言选择、工业机器人路径规划、编写与调试程序、现场测试与优化、完成任务并记录。

（1）任务分析与需求确定。在开始编程之前，首先需要对任务进行详细分析，并确定具体的需求。这一步骤包括明确任务的目标、工作环境，以及所需的工具和材料。

（2）工业机器人选型和编程语言选择。在选择工业机器人类型和编程语言时，需要考虑任务的具体需求，还需要考虑工作环境、成本预算、兼容性、安全性等因素。本书所使用的工业机器人为 ABB 工业机器人，使用的编程语言为 RAPID 语言。

（3）工业机器人路径规划。根据任务需求，确定工业机器人从起始点到目标点的最佳路径。进行路径规划时，应避开障碍物，优化路径长度和时间，并确保安全性。使用离线编程软件可以在虚拟环境中模拟和验证所规划的路径。

（4）编写与调试程序。根据规划好的路径，编写控制工业机器人的程序。编写程序时，应定义各程序点、设置速度等参数。程序编写完毕后，通过仿真软件进行调试，确保程序逻辑正确、工业机器人动作流畅。

（5）现场测试与优化。将调试完成的程序上传到实际的工业机器人中进行现场测试。现场测试时，需要特别注意安全问题，确保工业机器人在规划路径上运行，以避免碰撞或其他意外情况的发生。根据现场测试的结果，对程序进行必要的调整和优化，以实现最佳的工作效果。

（6）完成任务并记录。当程序运行稳定，任务能够顺利完成时，记录编程过程中的重要参数和注意事项，为日后的维护和改进提供参考。此外，可以对工业机器人进行定期维护和检查，确保其长期稳定运行。

砥节砺行

用坚持和汗水书写智能制造新篇章

郑林松，某电器公司钣金喷涂分厂保全班班长。工作期间，他勤勉努力、积极创新，取得了多项创新成果。

郑林松毕业于河北工业职业技术学院电气自动化专业。2014 年，他进入公司从事设备保全工作。虽然专业对口，但书本上的理论知识和生产实践还是有差距的，如何把理论与实践结合起来，郑林松"一点就透"。

"他很细心，总是能往前想一步。"郑林松的第一位师傅李师傅回忆说。

"工作中做一个有心人，在每一个环节都多一分细心和耐心。"郑林松说。就这样，因为在工作中时刻保持刻苦钻研、认真做事的态度，他很快就掌握了本岗位所需的基本技能，三个月后就"破格"出徒，独立负责两个班组20余台设备的维护。

2015年4月，公司举办机器人集成应用训练营，郑林松主动请示领导参加训练营，成为该公司第一批学习工业机器人应用知识的员工。在训练营，郑林松学习了工业机器人本体安装及电气调试等内容。之后，他利用下班时间组织同事开展工业机器人知识的培训活动，这一举措为公司后续引入更多的工业机器人自动化项目奠定了坚实的基础。

2016年6月，在经过长期的工作经验积累与学习后，郑林松及其团队成功突破了隔板线半自动化铆接的瓶颈。他们首先利用工业机器人实现隔板的自动翻转，然后运用振动盘和自动上料装置将铆钉穿入隔板铆钉孔内，最后通过工业机器人的抓取，将隔板放入冲床模腔内进行冲压铆接。这一系列创新举措直接提升了生产效率，相当于为公司节省了6个人力。

2024年，郑林松在"创新京津冀"职工职业大赛机器人系统集成（工业机器人系统操作员）赛项中获得冠军，获得"京津冀大工匠"荣誉称号。郑林松说，今后，他将继续发扬精益求精的工匠精神，不断追求卓越，取得更大的进步、更大的突破！

（资料来源：高超，《京津冀大工匠郑林松：玩转机器人让"制造"变"智造"》，河北工人报，2024年12月13日）

项目实施

下面将通过新建例行程序和添加简单的程序指令两方面，简单介绍工业机器人RAPID程序的编写方法。

编写工业机器人程序

一、新建例行程序

步骤1▶ 使用RobotStudio软件打开工作站打包文件"NO5.rspag"，然后打开虚拟示教器，选择手动模式。单击虚拟示教器左上角的"主菜单"按钮，选择"手动操纵"选项，进入手动操纵的参数设定界面。

步骤2▶ 选择"工具坐标"选项，进入工具选择界面，选择"tool1"选项，单击"确定"按钮，确保所选择的工具为工业机器人末端执行器上的工具。

步骤3▶ 返回手动操纵的参数设定界面后，选择"工件坐标"选项，进入工件选择界面，选择"wobj1"选项，单击"确定"按钮。

项目五　编写简单的工业机器人程序

步骤 4▶　单击"主菜单"按钮，选择"程序编辑器"选项，进入主程序编辑界面，单击"例行程序"按钮，如图 5-5 所示。

步骤 5▶　在例行程序选择界面中，单击"文件"按钮，选择"新建例行程序"选项，如图 5-6 所示。

图 5-5　单击"例行程序"按钮

图 5-6　选择"新建例行程序"选项

步骤 6▶　在"例行程序声明"界面中，保持参数为默认，如图 5-7 所示。单击"确定"按钮，即可新建名称为"Routine1"的例行程序，如图 5-8 所示。

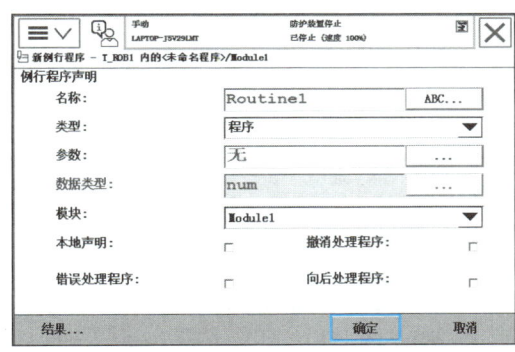

图 5-7　"例行程序声明"界面

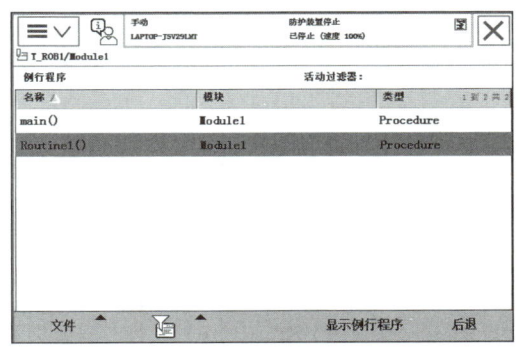

图 5-8　新建例行程序

二、添加简单的程序指令

步骤 1▶　在例行程序选择界面中，选择"Routine1"选项，单击"显示例行程序"按钮，进入该程序模块的程序编辑界面，然后单击"添加指令"按钮（见图 5-9），会弹出指令选择菜单。

步骤 2▶　添加 IF 指令条件表达式，如图 5-10 所示。选择"IF"指令，进入 IF 指令的编辑栏。选择"新建"选项，各参数保持默认，单击"确定"按钮，新建名称为"flag1"的程序数据。返回 IF 指令编辑栏后，单击"更改数据类型"按钮，选择"bool"数据类型，单击"确定"按钮。返回 IF 指令编辑栏后，再单击"确定"按钮，返回程序编辑界面。

95

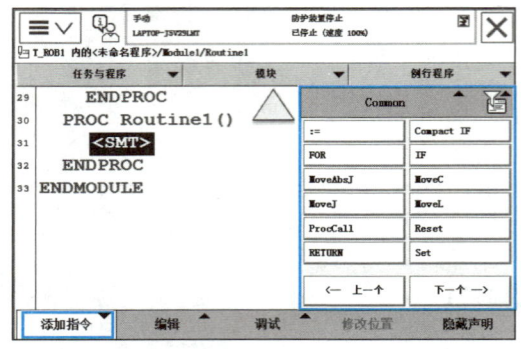

图 5-9 单击"添加指令"按钮

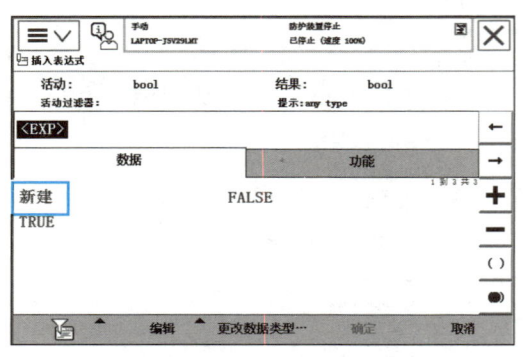

(a)   (b)

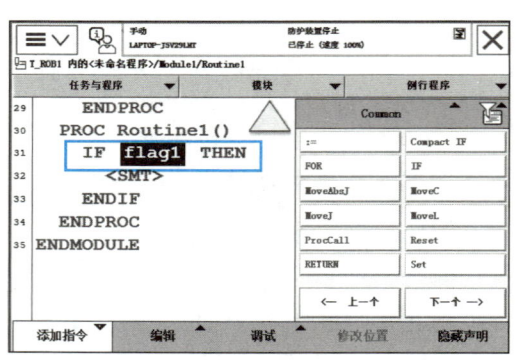

(c)   (d)

图 5-10 添加 IF 指令条件表达式

步骤 3▶ 添加 IF 指令执行语句,如图 5-11 所示。在程序编辑界面中,选择"<SMT>",单击"添加指令"按钮,选择":="指令,此时进入赋值指令的编辑栏,"<VAR>"已被点亮。选择"reg1",将变量名修改为"reg1"。选择"<EXP>",单击"编辑"按钮,选择"仅限选定内容"选项,将"<EXP>"修改为"3",单击"确定"按钮,返回赋值指令的编辑栏。

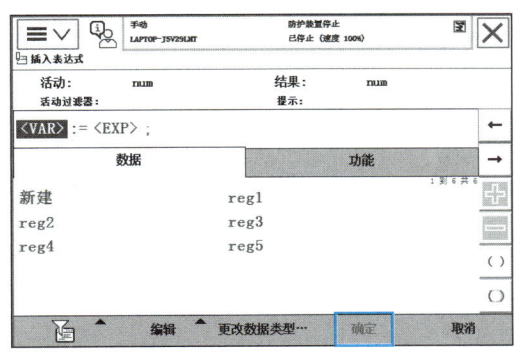
(a)

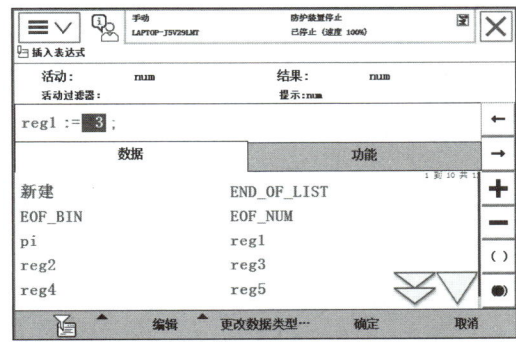
(b)

图 5-11　添加 IF 指令执行语句

步骤 4　同理，单击"添加指令"按钮，选择":="指令，将"<VAR>"修改为"reg2"；将第一个"<EXP>"修改为"reg1"；单击右侧"+"按钮，添加运算符"+"，将其修改为"*"；将第二个"<EXP>"修改为"pi"。单击"确定"按钮，弹出"添加指令"对话框，单击"下方"按钮，如图 5-12 所示。

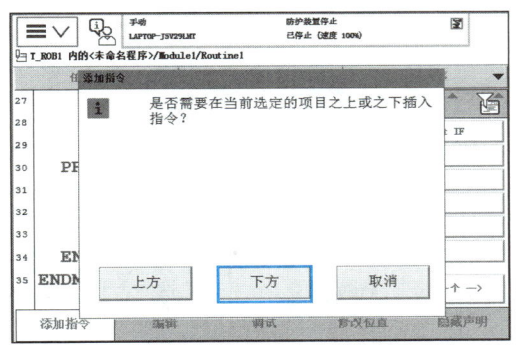

图 5-12　单击"下方"按钮

步骤 5　添加 MoveL 指令，如图 5-13 所示。单击"添加指令"按钮，选择"MoveL"指令，即添加线性运动指令。双击 MoveL 指令行的"*"，进入"新数据声明"界面。新建名称为"p10"的目标点，单击"确定"按钮。在弹出的 MoveL 指令编辑栏中，单击"确定"按钮，返回该程序模块的程序编辑界面。

头脑风暴

尝试在该程序下方添加一个 MoveC 指令的程序语句。

步骤 6　调试程序，如图 5-14 所示。在程序编辑界面，单击"调试"按钮，选择"检查程序"选项。若程序可正常运行，则弹出的"检查程序"对话框会提示"未出现任何错误"。单击"确定"按钮，程序自动保存。

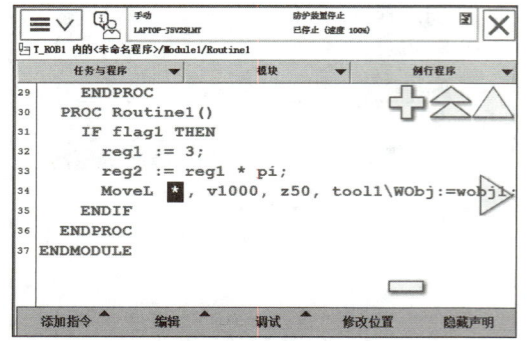
(a)

(b)
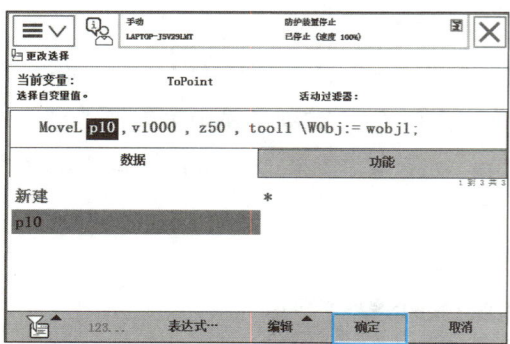
(c)
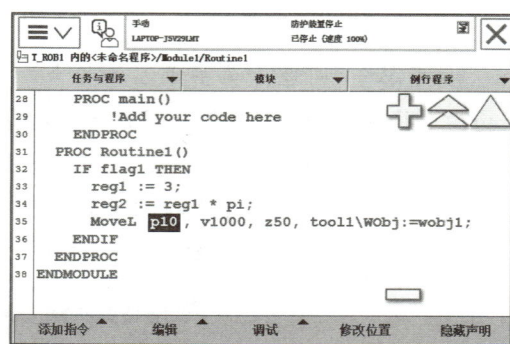
(d)

图 5-13　添加 MoveL 指令

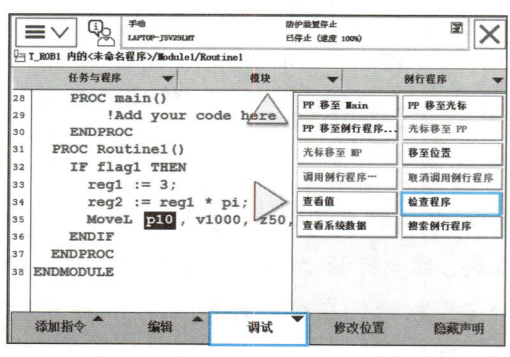
(a)
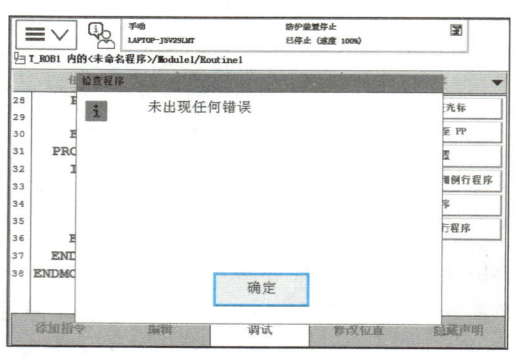
(b)

图 5-14　调试程序

工业机器人的简单示教与再现

学习效果测评

一、填空题

（1）TEST 指令可以添加多个判断条件"CASE"，但只能有一个默认设置"_____"。

（2）GOTO 指令和_____指令配合组成跳转标签指令。

（3）请写出 RAPID 语言中的运算符：大于等于号_____，等于号_____，赋值符号_____，不等于号_____，乘号_____，除号_____。

（4）如果 reg1 的值为 5，reg2 的值为 4，执行程序语句"Add reg1,reg2;"后，reg1 的值为_____，reg2 的值为_____。

（5）当 reg1 的值为_____时，执行程序语句"reg1:=1/reg1;"时会发生错误。

二、选择题

（1）ABB 工业机器人常用的编程语言是（   ）。

    A．KRL   B．KAREL   C．Moto-Plus   D．RAPID

（2）MoveC 指令可通过（   ）个点形成一个半圆形的运动轨迹。

    A．2   B．3   C．4   D．5

（3）FOR 指令用于一个或多个指令需要重复执行（   ）的情况。

    A．两次   B．多次   C．三次   D．一次

（4）用于等待给定时间的指令是（   ）。

    A．IF   B．WaitTime   C．FOR   D．Compact IF

（5）执行程序语句"reg1:=14 DIV 4;"所得到的 reg1 的值为（   ）。

    A．1   B．2   C．3   D．4

（6）将 reg2 数值赋值给 reg1 的程序语句是（   ）。

    A．reg1=reg2;   B．reg2=reg1;   C．reg1:=reg2;   D．reg1==reg2;

（7）对 Num 进行加 1 的操作，下列程序语句正确的是（   ）。

    A．Num:=1;   B．Num:=Num+1;

    C．Decr Num;   D．Num+1;

三、简答题

（1）简述 Compact IF 指令和 IF 指令的区别。

（2）简述各终止程序执行指令的作用。

（3）简述工业机器人编程的一般步骤。

项目总结与反馈

指导教师根据学生的实际学习情况进行评价，学生配合指导教师共同完成如表 5-11 所示的学习成果评价表。

表 5-11　学习成果评价表

班级		组号		日期	
姓名		学号		指导教师	
评价项目	评价内容			满分/分	评分/分
知识（30%）	掌握赋值指令、运动控制指令、流程控制指令、I/O 控制指令的作用及使用方法			15	
	熟悉运算符和数学指令的作用			10	
	熟悉工业机器人编程的一般步骤			5	
技能（50%）	能够新建例行程序			15	
	能够添加简单的程序指令			35	
素质（20%）	积极参加教学活动，主动学习、思考、讨论			5	
	认真负责，按时完成学习、训练任务			5	
	团结协作，组员之间能够密切配合			5	
	服从指挥，遵守课堂纪律			5	
合计				100	
自我评价					
指导教师评价					

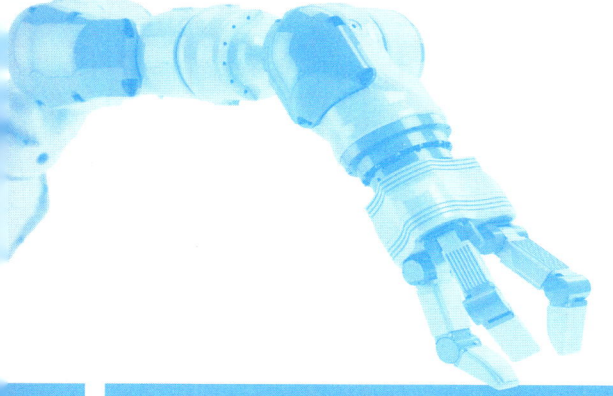

项目六
编写与调试曲线运动轨迹程序

项目导读

在实际生产中，工业机器人的运动路径往往不是简单的直线运动，而是各种各样相对复杂的曲线运动。这使得曲线运动轨迹编程成为工业机器人操作人员必须掌握的基本技能之一。它要求操作人员不仅需要掌握编程语言的作用和用法，还需要具备将复杂工艺需求转化为精准运动指令的能力。

本项目将先介绍工业机器人曲线运动轨迹的特点和基本编程思路，然后带领大家搭建工业机器人仿真工作站，并完成工业机器人曲线运动轨迹的编写与调试。

学习目标

知识目标
- 了解工业机器人曲线运动轨迹的特点。
- 了解工业机器人曲线运动轨迹的基本编程思路。

技能目标
- 能够搭建工业机器人仿真工作站。
- 能够编写与调试工业机器人曲线运动轨迹程序。

素质目标
- 树立追求卓越、勇于拼搏的奋斗精神。
- 养成坚持不懈、刻苦钻研的职业作风。

项目六 编写与调试曲线运动轨迹程序

项目工单——了解曲线运动轨迹的编程方法

一、思维导图

思维导图（见图 6-1）可清晰地描绘出本项目需要学习的要点。请学生根据思维导图预习相关知识，以便更有针对性地学习。

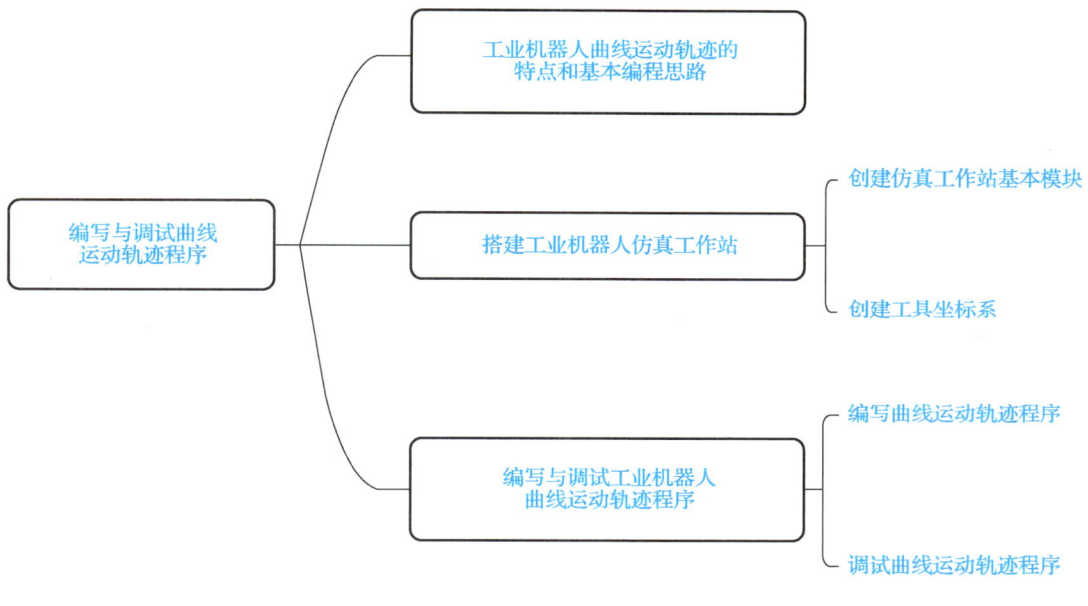

图 6-1 思维导图

二、小组分工

以 3~5 人为一组，选出组长并进行小组分工，将小组概况及分工填入表 6-1 中。

表 6-1 小组概况及分工

班级		组号		指导教师	
小组成员	姓名	学号	小组分工		
组长					
组员					

103

三、制订计划

根据小组分工，查阅相关资料，了解工业机器人曲线运动轨迹的编程方法，制订工作计划，并将其填入表 6-2 中。

表 6-2　工作计划

步骤	工作内容	负责人

四、成长记录

学习本项目后，学生可以通过截图、录视频、保存系统文件的方式记录自己的项目实施成果。在表 6-3 中，可以展示自己的项目实施成果，也可以将项目实施过程中遗漏的要点、遇到的问题和解决方法记录下来。

表 6-3　成长记录表

（可以将项目实施成果展示在此处；也可以在此处记录项目实施过程中遗漏的要点、遇到的问题和解决方法等）

项目六　编写与调试曲线运动轨迹程序

知识准备

一、工业机器人曲线运动轨迹的特点

在工业机器人的应用过程中，如焊接、喷涂等作业，常需要进行曲线运动。因此，掌握工业机器人曲线运动轨迹的编程方法，对工业机器人操作人员而言，是一项不可或缺的能力。

工业机器人曲线运动轨迹需要具备以下几个特点。

（1）工业机器人曲线运动轨迹需要具备较高的精确度，以保证工业机器人准确执行任务。因此，操作人员在编程时，必须对工业机器人的位置、速度、转弯半径等参数进行精确设定。

（2）工业机器人的曲线运动轨迹需要具备平滑性，以减少工业机器人在运动过程中的冲击和振动。例如，转弯半径数据需要避免使用"fine"，应以"z0"代替。

（3）工业机器人的曲线运动轨迹应平缓、无突变，即具备连续性。这种连续性不仅是空间位置上的连续，还包括速度、加速度等运动参数的连续变化。连续性对于保证产品质量至关重要，特别是在需要精确控制的工作任务中。

（4）工业机器人曲线运动轨迹需要适应不同的工作任务和工作环境。这要求操作人员在编程时合理划分任务模块，以便快速进行程序的调整和应用。

> 笔　记

二、工业机器人曲线运动轨迹的基本编程思路

工业机器人曲线运动轨迹编程是否正确、合理，对生产效率，以及设备、操作人员的安全等都会产生较大的影响。

本项目工业机器人本体型号选用软件模型库中的"IRB 1200"，主要任务是使"MyTool"工具 TCP 沿着轨迹练习平台 U 形槽的内外轮廓线进行曲线运动。工业机器人曲线运动轨迹的基本编程思路包括轨迹规划、轨迹示教、程序编写、程序调试和优化等。

（1）轨迹规划：在编程之前，需要对工业机器人的曲线运动轨迹进行路径规划。在

规划过程中,需要设置合理的安全点及移动策略,以确保工业机器人不会与其他设备或操作人员发生碰撞。

(2)轨迹示教:通过示教器或编程软件对工业机器人进行示教。在示教过程中,需要精确控制工业机器人的移动路径和速度,并特别关注各点之间的过渡,以确保运动轨迹的平滑性和连续性。

(3)程序编写:使用 RAPID 语言编写控制程序。程序通常包括运动控制指令及各种数据参数等。在编写程序时,应避免使用关节运动指令对路径进行精确控制。

(4)程序调试和优化:程序编写完毕后,需要进行调试和优化,确保工业机器人能够按照预定的路径运动,并且在运动过程中不发生错误或异常。

砥节砺行

扎根生产一线的"技术尖兵"

2015 年 5 月,龙茂辉通过校企合作项目,成为亚龙智能装备集团股份有限公司的一名新员工,负责实训台的接线和机械的安装工作。刚入职的那段时间,为了快速适应岗位,龙茂辉除了积极向老员工请教,他还利用休息时间查资料、上网课,提前自学工业机器人的相关知识。

2015 年底,龙茂辉便进入公司的技术研发中心,开始接触小型工业机器人的研发,从一个什么都不懂的新人,一步步成长为产品研发二部工业机器人组的组长,带领团队负责公司智能装备产品的研制、技改和疑难攻关。

在之后的产品研发过程中,龙茂辉逐渐展现出了一名知识型技术工人的老练和精准,进入公司不到一年就成为一名工程师,在工作中屡屡实现新产品的技术突破,为公司在工业机器人的高速发展浪潮中争得了先机。由他主持和参与研发的产品累计销售额已达 3 亿多元,他所在的公司也成为该市首家取得工业机器人系统运维员、操作员第三方认定资格的公司。

作为一名扎根生产一线的产业工人,龙茂辉将专业技术知识与创新实践相结合,成了智能装备领域的"技术尖兵"。他主持和参与过公司国家重点研发计划项目,以及创新基金项目等智能制造产品研发项目。他参与研发的产品获 1 项发明专利、22 项实用新型专利。龙茂辉还参与编制了 4 项企业标准。2024 年,他荣获全国五一劳动奖章。

"作为一名新时代知识型产业工人,希望不断提高自己的技能水平,为国产工业机器人应用技能人才的培养贡献自己的一份力量。"龙茂辉说。

(资料来源:朱建波,《致敬劳动者丨扎根生产一线的"技术尖兵"》,新华网,2024 年 5 月 4 日)

项目六　编写与调试曲线运动轨迹程序

项目实施

一、搭建工业机器人仿真工作站

基本的工业机器人仿真工作站包括工业机器人、工作对象，有的工业机器人仿真工作站还需要配置周边附属设备。搭建工业机器人仿真工作站的具体步骤如下。

（一）创建仿真工作站基本模块

步骤1▶ 打开 RobotStudio 软件，创建一个"空工作站"。选择"基本"→"ABB 模型库"→"IRB 1200"选项。在弹出的"IRB 1200"对话框中，各参数保持默认，单击"确定"按钮。

步骤2▶ 选择"基本"→"导入模型库"→"设备"→"myTool"选项。在"布局"窗口中，选中"MyTool"，按住鼠标左键，将其拖到"IRB1200_5_90_STD_02"上，此时会弹出"更新位置"对话框，单击"是"按钮，即可将"MyTool"工具安装到工业机器人本体上，如图6-2所示。

步骤3▶ 选择"基本"→"导入几何体"→"浏览几何体"选项。在弹出的"浏览几何体"对话框中，选择文件名称为"轨迹练习平台.STEP"的文件，单击"打开"按钮，即可导入轨迹练习平台，如图6-3所示。

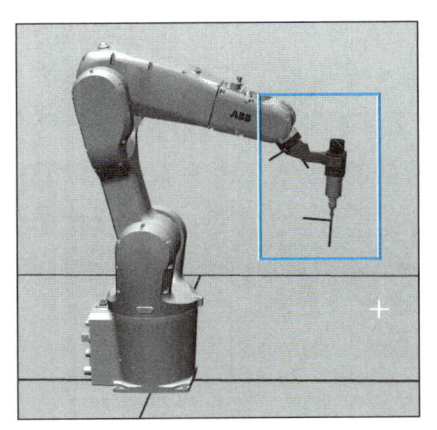

图6-2　将工具安装到工业机器人本体上

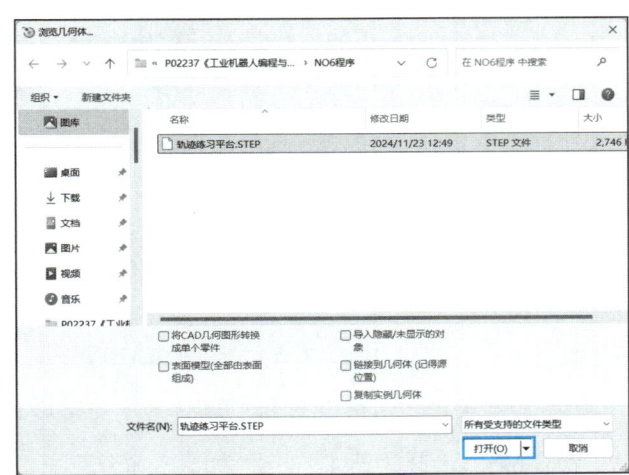

图6-3　导入轨迹练习平台

步骤4▶ 在"布局"窗口中，右击"IRB1200_5_90_STD_02"，在弹出的快捷菜单中，选择"显示机器人工作区域"选项。在弹出的"工作空间：IRB1200_5_90_STD_02"窗口中，选择"当前工具"选项，便可在"视图"窗口中看到工业机器人的工作区域，如图6-4所示。

107

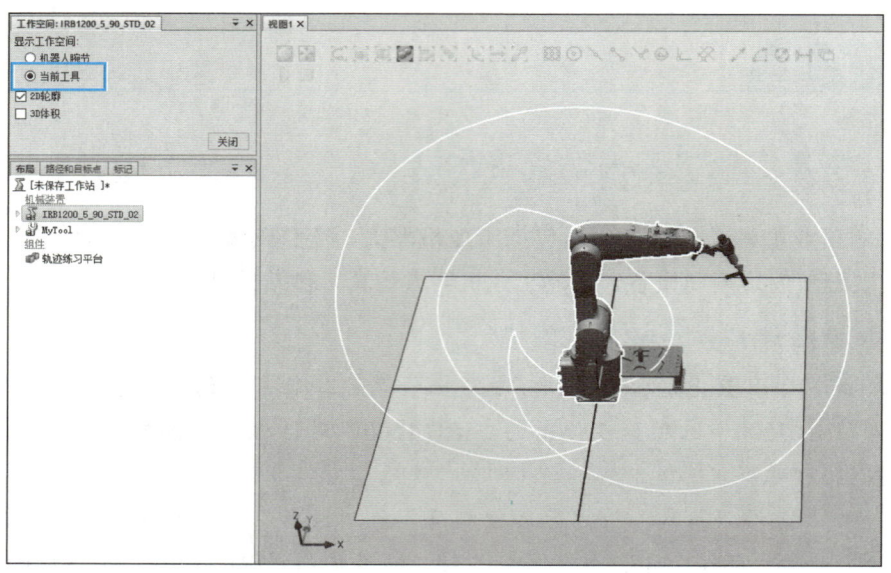

图 6-4　工业机器人的工作区域

步骤 5▶ 在"基本"选项卡的"Freehand"面板中,通过"移动""旋转"等工具,将工业机器人和轨迹练习平台调整至合适的位置,如图 6-5 所示。

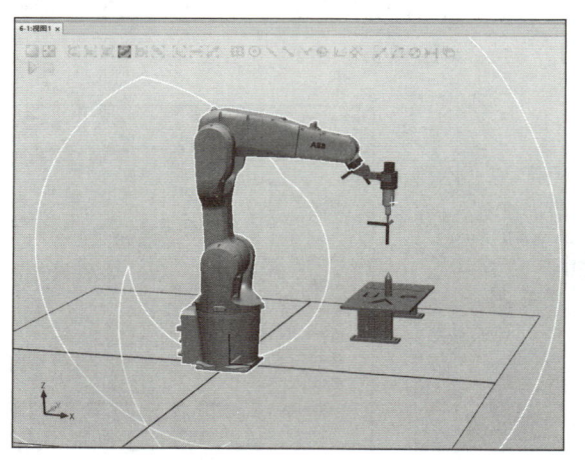

创建仿真工作站基本模块

图 6-5　将工业机器人和轨迹练习平台调整至合适的位置

步骤 6▶ 选择"基本"→"机器人系统"→"从布局"选项,各参数保持默认,创建工业机器人曲线运动轨迹仿真工作站的系统。

(二)创建工具坐标系

由于 ABB 工业机器人默认工具 tool0 的工具坐标系是不可修改、不可删除的,因此在新的工具安装在工业机器人本体上之后,需要创建一个自定义的工具坐标系。创建工具坐标系的具体步骤如下。

步骤1▶ 打开虚拟示教器，将显示语言改为中文，选择手动模式。单击"主菜单"按钮，选择"手动操纵"选项（见图6-6），进入手动操纵的参数设定界面。

步骤2▶ 选择"工具坐标"选项，进入工具选择界面，单击"新建"按钮，进入"新数据声明"界面，"名称"输入"MyTool"，其他参数保持默认，单击"确定"按钮，创建名称为"MyTool"的工具数据项目，如图6-7所示。

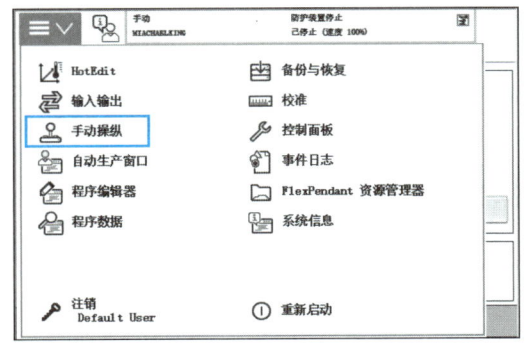

图6-6 选择"手动操纵"选项

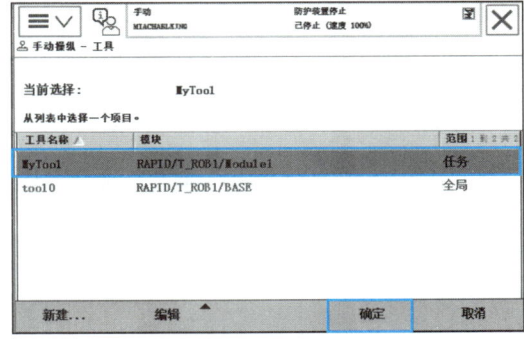

图6-7 创建名称为"MyTool"的工具数据项目

步骤3▶ 在工具选择界面，选择"MyTool"选项，单击"编辑"按钮，选择"定义"选项，进入"工具坐标定义"界面。单击"方法"右边的下拉菜单，选择"TCP和Z，X"选项，"点数"选择"4"，如图6-8所示。

步骤4▶ 选择合适的移动方式调整工业机器人位姿，使工具端点（即TCP）与轨迹练习平台上的标定锥顶点尽可能相接。参考项目四的步骤，对"点1""点2""点3""点4""延伸器点X""延伸器点Z"进行标定和记录。在所有点被标定和记录之后，单击"确定"按钮，进入"计算结果"界面，显示工具坐标误差，如图6-9所示。单击"确定"按钮，返回工具选择界面。

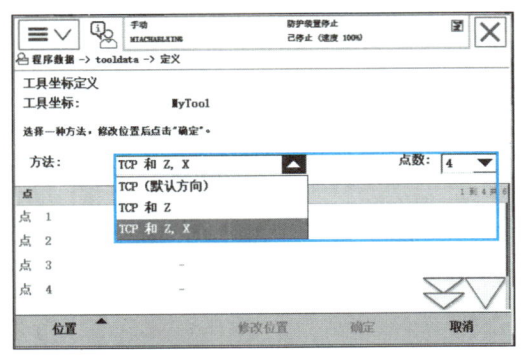

图6-8 "工具坐标定义"界面

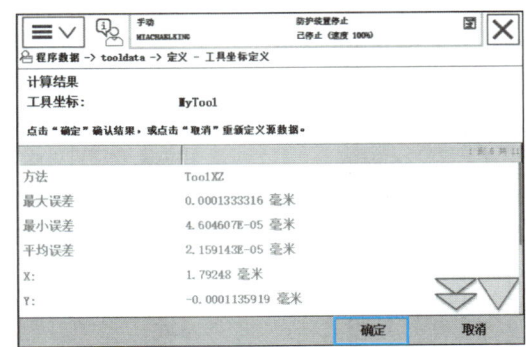

图6-9 显示工具坐标误差

步骤5▶ 选择"MyTool"选项，单击"编辑"按钮，选择"更改值"选项，进入工具数据的参数设定界面。选择"mass"选项，设定工具质量参数为"1"，单击"确定"

按钮;分别选择"cog"下方的"x:=""y:=""z:="选项,设定工具重心的位置参数为"50""0""–50",其他参数保持默认。所有参数设定完毕后,单击"确定"按钮,完成工具数据的设定,如图6-10所示。

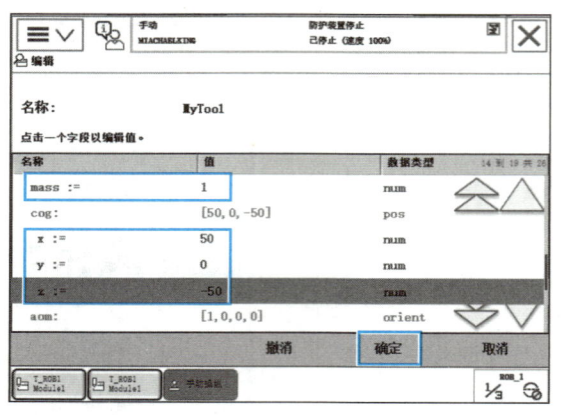

创建工具坐标系

图6-10 工具数据的设定

二、编写与调试工业机器人曲线运动轨迹程序

(一)编写曲线运动轨迹程序

编写曲线运动轨迹程序的步骤如下。

步骤1▶ 单击虚拟示教器左上角的"主菜单"按钮,选择"程序编辑器"选项,进入主程序编辑界面,如图6-11所示。

步骤2▶ 单击"添加指令"按钮,选择"MoveAbsJ"指令。在弹出的"添加指令"对话框中,单击"下方"按钮。双击"*",进入变量选择界面,选择"新建"选项,新建名称为"PHome"的点作为起始点,其他参数保持默认,单击"确定"按钮。返回变量选择界面后,将"*"修改为"PHome",单击"确定"按钮,如图6-12所示。

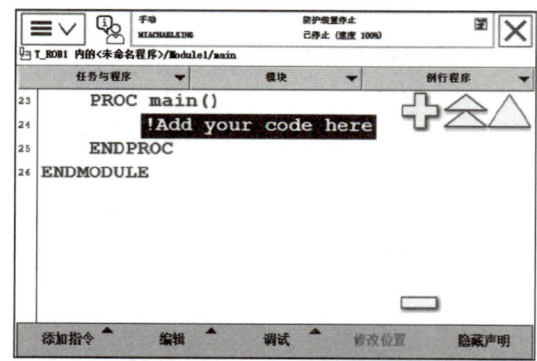

图6-11 进入主程序编辑界面

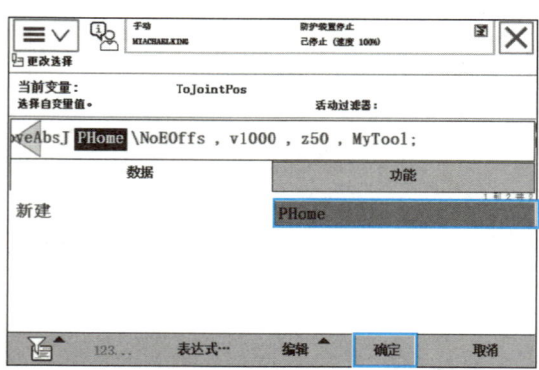

图6-12 将"*"修改为"PHome"

项目六 编写与调试曲线运动轨迹程序

知识链接

编写程序时,可以删除无关指令,简化主程序编辑界面的显示。选中程序中的"!Add your code here",单击"编辑"按钮,选择"删除"选项,然后单击"隐藏声明"按钮。

步骤3▶ 将工业机器人工具端点移动至U形轨迹起始点的正上方,如图6-13所示。

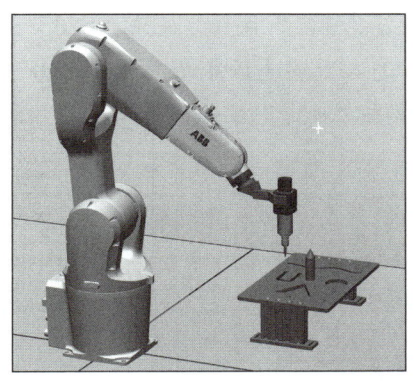

图6-13 工具端点移动至U形轨迹起始点的正上方

步骤4▶ 单击"添加指令"按钮,选择"MoveJ"指令。在弹出的"添加指令"对话框中,单击"下方"按钮。双击"*",进入变量选择界面,选择"新建"选项,新建名称为"p10"的轨迹点,其他参数保持默认,单击"确定"按钮。返回变量选择界面后,将"*"修改为"p10",单击"确定"按钮。返回主程序编辑界面后,单击"修改位置"按钮,在弹出的"确认修改位置"对话框中单击"修改"按钮,完成"p10"位置数据的修改,如图6-14所示。

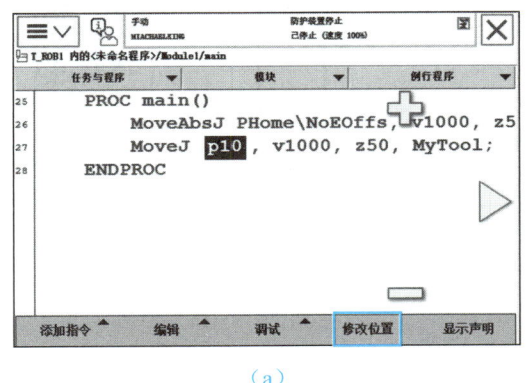
(a)

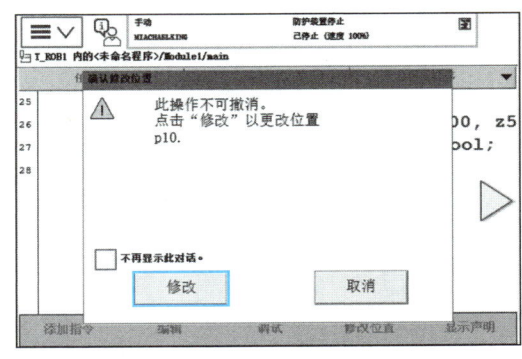
(b)

图6-14 "p10"位置数据的修改

步骤5▶ 双击"v1000",进入变量选择界面,选择"v200"选项,降低移动速度。单击"确定"按钮,返回主程序编辑界面。

111

> **知识链接**
>
> "p10"为工业机器人的安全点,其作用是保障操作人员及设备的安全。

步骤 6 将工业机器人工具端点移动至U形轨迹起始点,如图6-15所示。

步骤 7 单击"添加指令"按钮,选择"MoveL"指令。程序会自动新建名称为"p20"的轨迹点,其他参数与上条程序语句相同。单击"修改位置"按钮,在弹出的"确认修改位置"对话框中单击"修改"按钮,完成"p20"位置数据的修改。

步骤 8 双击"z50",进入变量选择界面,选择"z0"选项,取消转弯半径,确保工具可以准确到达"p20"。单击"确定"按钮,返回主程序编辑界面,如图6-16所示。

图6-15 工具端点移动至U形轨迹起始点

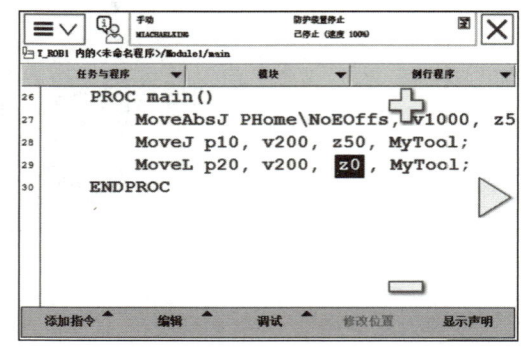
图6-16 修改"p20"的转弯半径为"z0"

步骤 9 同理,根据如图6-17所示的曲线运动轨迹及轨迹点,将程序编写完整。

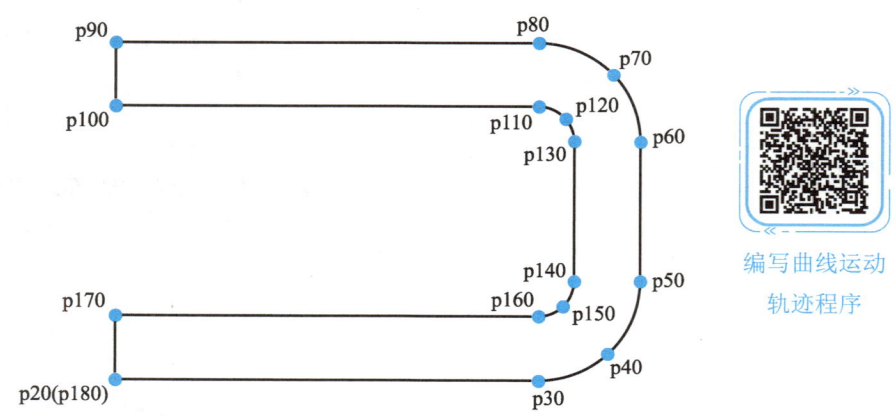

编写曲线运动轨迹程序

图6-17 曲线运动轨迹及轨迹点

曲线运动轨迹程序如下。

MoveAbsJ PHome\NoEOffs,v1000,z50,MyTool;

MoveJ p10,v200,z50,MyTool;　　　　　　　　！关节运动至安全点p10

```
MoveL p20,v200,z0,MyTool;
MoveL p30,v200,z0,MyTool;
MoveC p40,p50,v200,z10,MyTool;          ! p40 为圆弧运动中间点
MoveL p60,v200,z0,MyTool;
MoveC p70,p80,v200,z10,MyTool;          ! p70 为圆弧运动中间点
MoveL p90,v200,z0,MyTool;
MoveL p100,v200,z0,MyTool;
MoveL p110,v200,z0,MyTool;
MoveC p120,p130,v200,z10,MyTool;        ! p120 为圆弧运动中间点
MoveL p140,v200,z0,MyTool;
MoveC p150,p160,v200,z10,MyTool;        ! p150 为圆弧运动中间点
MoveL p170,v200,z0,MyTool;
MoveL p180,v200,z0,MyTool;              ! 与 p20 为同一点
MoveL p10,v200,z0,MyTool;               ! 回到安全点 p10
```

（二）调试曲线运动轨迹程序

将工业机器人工具移至等待位置，检查程序内容是否完整、连续，然后进行程序的调试，具体步骤如下。

步骤 1▶ 单击"调试"按钮，选择"检查程序"选项，如图 6-18 所示。若提示"未出现任何错误"，则继续进行后续的步骤。

步骤 2▶ 单击"调试"按钮，选择"PP 移至 Main"选项，检查主程序编辑界面第一行运动指令左侧是否有程序指针（小箭头），如图 6-19 所示。程序指针表示程序启动之后，将由此开始执行。

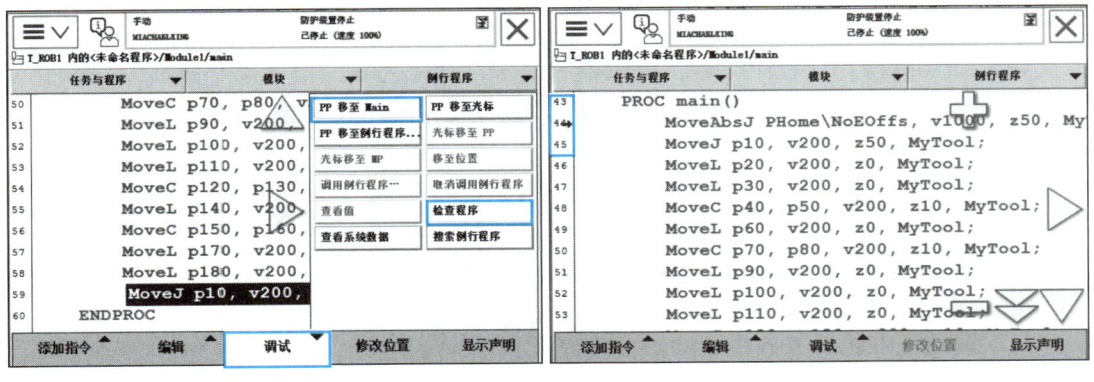

图 6-18 选择"检查程序"选项　　　图 6-19 检查主程序编辑界面程序指针

步骤 3▶ 按下使能器按钮"Enable",单击示教器右下角的启动按钮"▶"(或步进按钮),工业机器人开始执行动作。单击停止按钮"■"可停止程序运行。

调试曲线运动轨迹程序

小提示

在实际操作过程中,需要随时观察工业机器人的运行状态,若有干涉或不可预知的运动,则应及时松开或按紧使能器按钮,并按下急停按钮。

学习效果测评

一、填空题

(1) ABB 工业机器人默认工具 tool0 的工具坐标系是_____、_____的。

(2) "_____"下方的"x:="" y:="" z:="选项可用来设定工具重心的位置。

(3) 在程序语句"MoveC p10,p20,v200,z10,MyTool;"中,中间点是_____,目标点是_____。

二、选择题

(1) "mass"表示工具的( )。
    A. 质量   B. 重量
    C. 速度   D. 体积

(2) 设置工业机器人( )的目的是保障操作人员及设备的安全。
    A. 目标点   B. 安全点
    C. 起始点   D. 终点

(3) 在实际操作过程中,若工业机器人有干涉或不可预知的运动,则应及时松开或按紧( )。
    A. 启动按钮   B. 步进按钮
    C. 使能器按钮   D. 停止按钮

三、简答题

(1) 简述工业机器人曲线运动轨迹的特点。

(2) 简述工业机器人曲线运动轨迹的基本编程思路。

项目六　编写与调试曲线运动轨迹程序

项目总结与反馈

指导教师根据学生的实际学习情况进行评价，学生配合指导教师共同完成如表 6-4 所示的学习成果评价表。

表 6-4　学习成果评价表

班级		组号		日期	
姓名		学号		指导教师	
评价项目	评价内容			满分/分	评分/分
知识（30%）	了解工业机器人曲线运动轨迹的特点			15	
	了解工业机器人曲线运动轨迹的基本编程思路			15	
技能（50%）	能够搭建工业机器人仿真工作站			20	
	能够编写与调试工业机器人曲线运动轨迹程序			30	
素质（20%）	积极参加教学活动，主动学习、思考、讨论			5	
	认真负责，按时完成学习、训练任务			5	
	团结协作，组员之间能够密切配合			5	
	服从指挥，遵守课堂纪律			5	
合计				100	
自我评价					
指导教师评价					

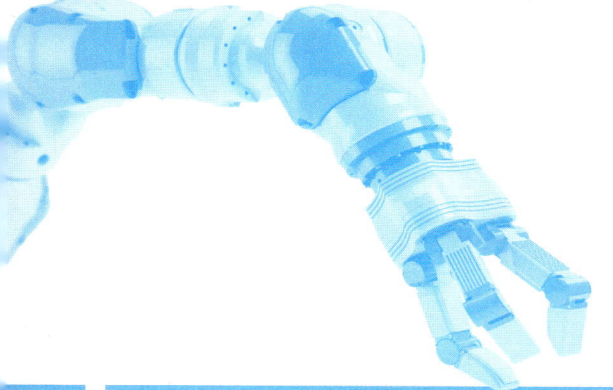

项目七
编写与调试搬运程序

项目导读

在劳动密集型产业中,搬运机器人的出现无疑是一场革命性的变革,它极大地解放了劳动力,使人们得以从繁重且单调的搬运工作中解脱出来。搬运机器人凭借其强大的力量和精准的定位,不仅显著提升了生产效率,还极大降低了企业的用工成本,成功实现了"机器换人"。

本项目将先介绍搬运机器人仿真工作站的搭建方法,然后带领大家完成搬运程序的编写与调试。

学习目标

知识目标

◆ 了解搬运机器人的特点。
◆ 了解搬运机器人的基本编程思路。

技能目标

◆ 能够搭建搬运机器人仿真工作站。
◆ 能够编写与调试工业机器人搬运程序。

素质目标

◆ 树立技能成才、技能报国的人生理想。
◆ 养成勤学上进、科学严谨的工作作风。

项目七　编写与调试搬运程序

项目工单——认识搬运机器人

一、思维导图

思维导图（见图 7-1）可清晰地描绘出本项目需要学习的要点。请学生根据思维导图预习相关知识，以便更有针对性地学习。

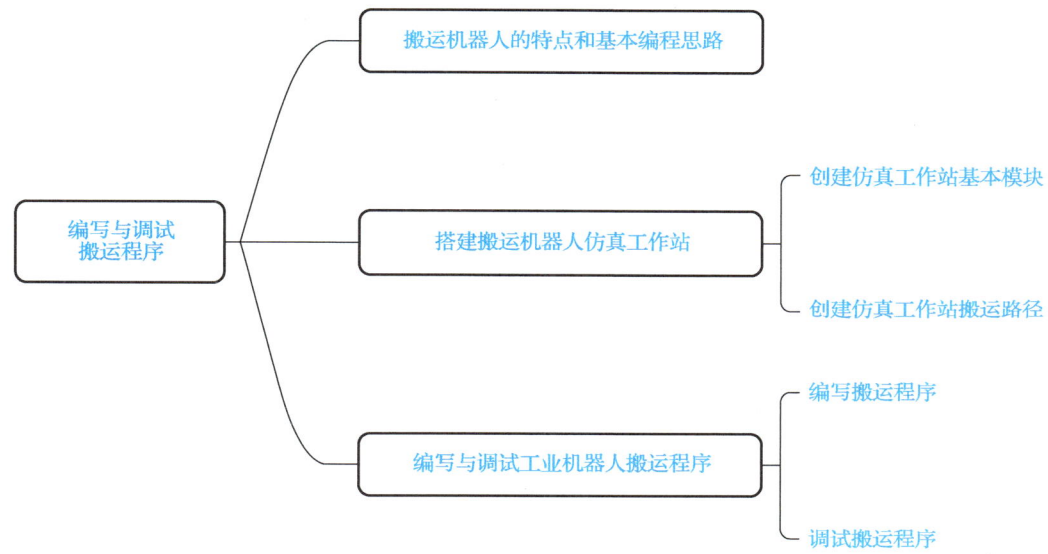

图 7-1　思维导图

二、小组分工

以 3～5 人为一组，选出组长并进行小组分工，将小组概况及分工填入表 7-1 中。

表 7-1　小组概况及分工

班级		组号		指导教师	
小组成员	姓名	学号	小组分工		
组长					
组员					

119

三、制订计划

根据小组分工，查阅相关资料，了解搬运机器人的特点及基本编程思路，对搬运机器人进行初步认识，然后制订工作计划，并将其填入表 7-2 中。

表 7-2　工作计划

步骤	工作内容	负责人

四、成长记录

学习本项目后，学生可以通过截图、录视频、保存系统文件的方式记录自己的项目实施成果。在表 7-3 中，可以展示自己的项目实施成果，也可以将项目实施过程中遗漏的要点、遇到的问题和解决方法记录下来。

表 7-3　成长记录表

（可以将项目实施成果展示在此处；也可以在此处记录项目实施过程中遗漏的要点、遇到的问题和解决方法等）

项目七　编写与调试搬运程序

知识准备

一、搬运机器人的特点

搬运机器人是一种能够自动识别、定位、抓取、搬运和放置物品的工业机器人，其应用可以提高工作效率、降低生产成本和改善工作环境。搬运机器人主要具有以下几个特点。

（1）可自动识别和定位。利用视觉传感器、激光雷达、红外传感器等设备，搬运机器人能够自动识别物品的位置、大小、形状等信息，实现对物品的精确定位。

（2）可自动规划路径。搬运机器人能够根据需要自动规划出最优的移动路径，并控制机械臂沿着这一路径运动。

（3）灵活性与适应性强。配有自动化控制系统的搬运机器人，能根据环境及作业要求实现多种自动化操作，如自动检测、自动分类、自动码垛等。

（4）可连续稳定工作。搬运机器人可以 24 h 不间断地工作，不受时间限制和人员因素等影响，能够持续高效作业。

二、搬运机器人的基本编程思路

本项目工业机器人本体型号选用软件模型库中的"IRB 2600"，项目主要工作包括吸盘模型的导入、吸盘 Smart 组件的创建和设定、搬运路径和目标点的创建、搬运程序的编写和调试等。

搬运机器人的基本编程思路如图 7-2 所示。

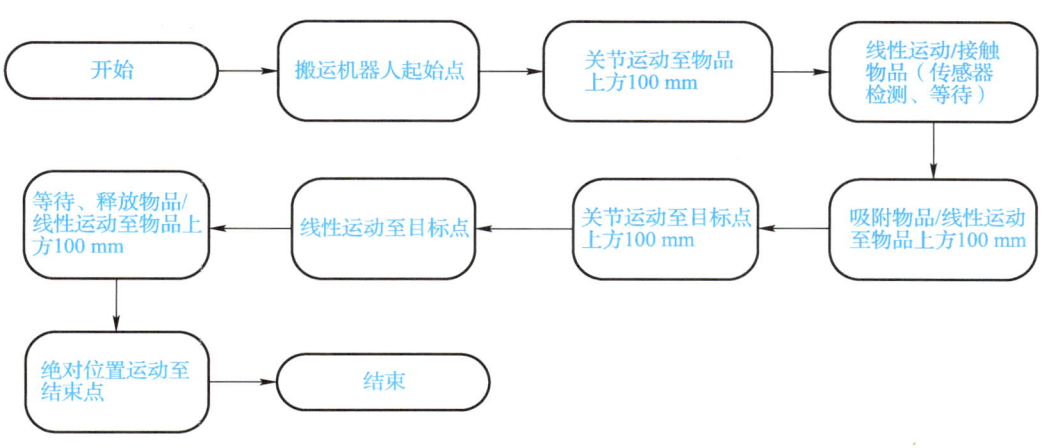

图 7-2　搬运机器人的基本编程思路

121

知识链接

Smart 组件是 RobotStudio 软件中用于对工业机器人工作站进行动态仿真的关键组件。通过使用 Smart 组件，不仅可以模拟工业机器人的多种动作（如吸附、喷涂、释放等），还可以设计和验证复杂的工作流程，以及模拟传感器响应。

本项目搬运机器人的路径规划如图 7-3 所示。

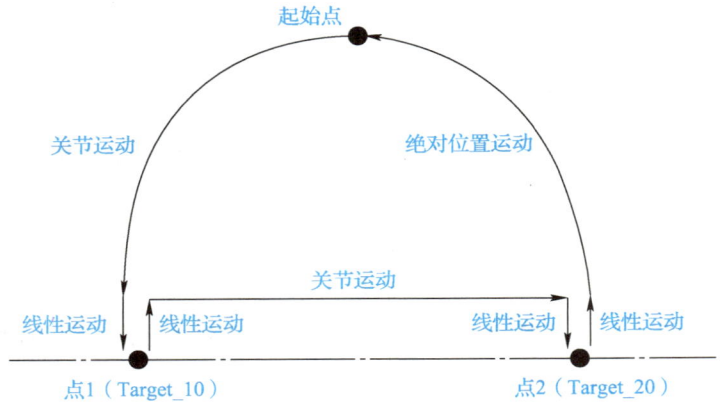

图 7-3 搬运机器人的路径规划

砥节砺行

破解水泥行业难题！工业机器人大显身手

尘肺病、支气管炎、结膜炎、听觉障碍，这些都是水泥搬运工的职业病。带着对水泥搬运工健康的担忧，唐蛟率领团队用 5 个月的时间设计完成了全套"袋装水泥智能装车系统"，使工业机器人能够在水泥粉尘环境中替代人工作业。

2007 年，刚毕业的唐蛟懵懵懂懂进入苏州一家电子设备制造厂，未曾想过十余年后的自己可以在厂里独当一面。如今，他已经拥有 1 项发明专利和 16 项实用新型专利，是厂里名副其实的技术骨干。

2018 年 1 月，唐蛟团队为国内水泥行业送上了一份"新年大礼"——"袋装水泥智能装车系统"。彼时，回想起那些在厂里加班加点的日子，唐蛟坦言："我当时也没想到能这么快完成这个项目。"

车辆进厂、3D 雷达扫描获取车型数据、自动建模匹配最优装配方案、机械抓臂码垛、装车完毕车辆驶离，再配合辊道下灰系统和收尘系统，看不到"飞尘漫天"，取而代之的是"低噪生产""少尘车间"。"这个系统可以从根本上解决水泥搬运对人造成的职业危害。"唐蛟解释。

项目七 编写与调试搬运程序

此前，国内水泥搬运工作大多借助人工，存在隐患多、风险大、效率低的问题，而"袋装水泥智能装车系统"的诞生则完成了水泥发运环节"从0到1"的创新，解决了袋装水泥人工装车的难点、痛点，实现了水泥发运全过程自动化、智能化。如今，"袋装水泥智能装车系统"的装车效率已经可以完全满足市场需求。

"我想让他们摆脱恶劣的工作环境，现在终于做到了。"望着不远处两个正在搬运作业的工业机器人，唐蛟的嘴角不自觉地上扬了起来。

（资料来源：陈俊杰，《破解水泥行业难题！松江这名工匠设计的工业机器人大显身手》，上观新闻，2024年5月5日）

项目实施

一、搭建搬运机器人仿真工作站

搬运机器人仿真工作站的搭建需要创建仿真工作站基本模块并创建仿真工作站搬运路径。

（一）创建仿真工作站基本模块

仿真工作站基本模块的创建需要添加一个 Smart 组件（吸盘工具）并对其参数进行正确设置，具体步骤如下。

1. 添加 Smart 组件

步骤1▶ 使用 RobotStudio 软件打开工作站打包文件"p6.rspag"，该工作站中包含一个吸盘工具，如图7-4所示。

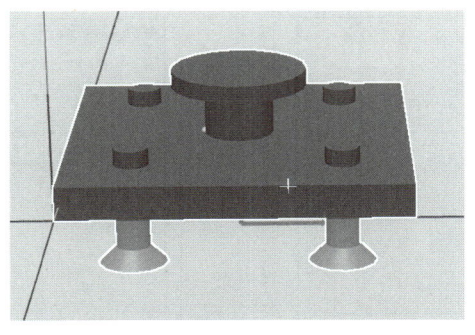

搭建搬运机器人仿真工作站

图7-4 吸盘工具

步骤2▶ 选择"建模"→"Smart 组件"选项，如图7-5所示，创建一个新的 Smart 组件"SmartComponent_1"。在"布局"窗口中，右击"SmartComponent_1"，在弹出的快捷菜单中，选择"重命名"选项，如图7-6所示，将该组件重新命名为"吸盘"。

123

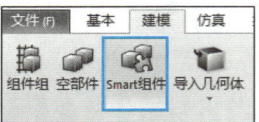

图7-5 选择"Smart 组件"选项

图7-6 选择"重命名"选项

步骤3▶ 在"吸盘"窗口的"组成"选项卡中,分别选择"添加组件"→"动作"→"Attacher"及"Detacher"选项,如图7-7(a)所示;选择"添加组件"→"传感器"→"LineSensor"选项,如图7-7(b)所示;选择"添加组件"→"信号和属性"→"LogicGate"选项,如图7-7(c)所示。添加的4个子对象组件,如图7-7(d)所示。

知识链接

在 Robotstudio 软件中,搬运动作可分解为一系列的吸附、释放动作。这些动作的实现又需要传感器及逻辑门的协助,因此最简单的搬运操作只需要用到 Attacher(吸附)、Detacher(释放)、LineSensor(线性传感器)、LogicGate(逻辑门电路,设置为逻辑非 NOT,配合 Detacher 完成释放物体的动作)4个子对象组件即可完成。

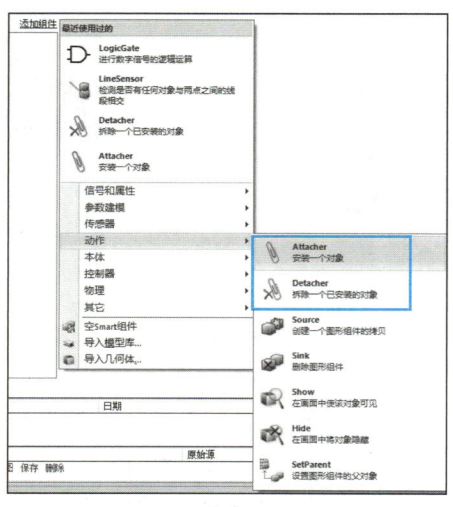

(a)

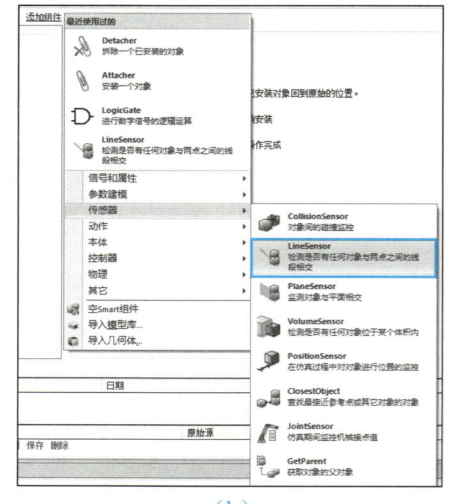

(b)

项目七 编写与调试搬运程序

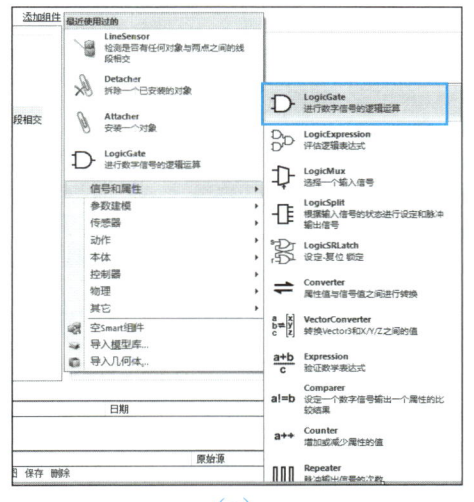

（c） （d）

图 7-7 添加子对象组件

2. 设置 Smart 组件参数

步骤 1▶ 在"吸盘"窗口的"组成"选项卡中，右击"Attacher"，在弹出的快捷菜单中，选择"属性"选项，此时会弹出"属性：Attacher"窗口，如图 7-8 所示。在"Parent"下拉菜单中，选择"吸盘"选项，完成该组件的父对象选择，如图 7-9 所示。

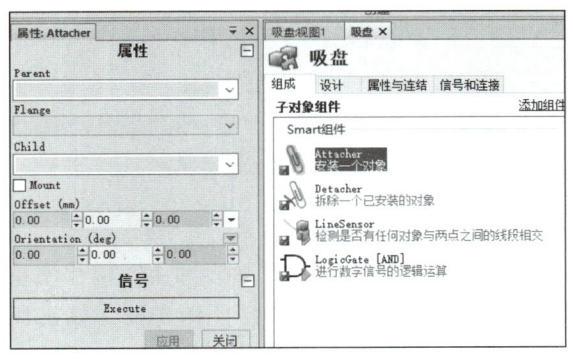
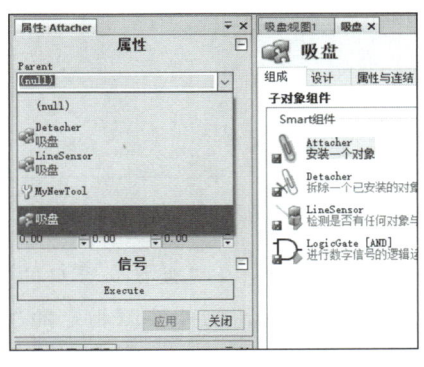

图 7-8 "属性：Attacher"窗口　　　　　　　图 7-9 选择"吸盘"选项

步骤 2▶ 在"吸盘"窗口的"组成"选项卡中，选择"LineSensor"选项，弹出"属性：LineSensor"窗口，在"Start（mm）"参数栏分别填入"100、100、−20"，在"End（mm）"参数栏分别填入"100、100、−60"，在"Radius（mm）"参数栏填入"2"，单击"应用"按钮，完成线性传感器参数的设定，如图 7-10 所示。

步骤 3▶ 在"吸盘"窗口的"组成"选项卡中，选择"LogicGate[AND]"选项，弹出"属性：LogicGate[AND]"窗口，在"Operator"下拉菜单中，选择"NOT"选项，单击"关闭"按钮，完成逻辑门参数的设定，如图 7-11 所示。

125

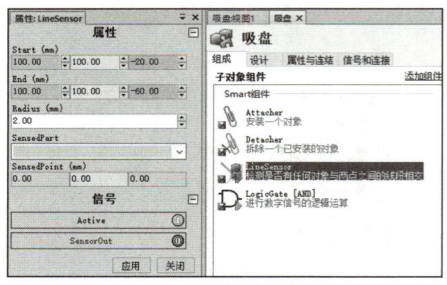
图 7-10　线性传感器参数的设定

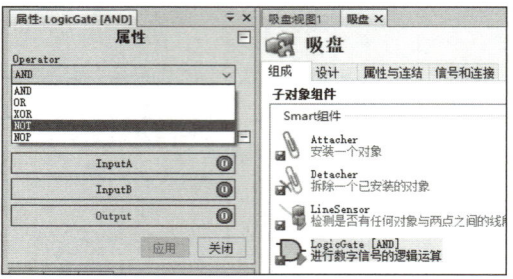
图 7-11　逻辑门参数的设定

步骤 4▶ 在"吸盘"窗口的"设计"选项卡中,选择"输入 +"选项,在弹出的"添加 I/O Signals"对话框中,"信号类型"选择为"DigitalInput","信号名称"输入"di",其他参数保持默认,单击"确定"按钮,如图 7-12 所示。

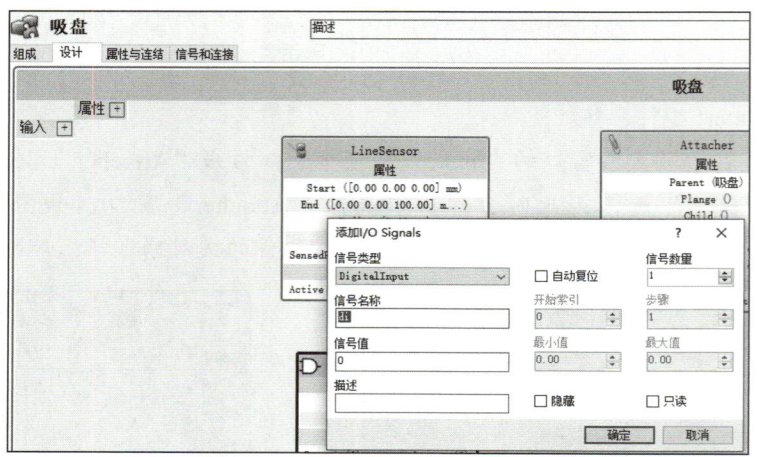
图 7-12　添加并设定数字输入信号

步骤 5▶ 在"吸盘"窗口的"设计"选项卡中,按照如图 7-13 所示的 I/O 信号连接方法,将 Smart 组件按照指定的逻辑顺序连接在一起。操作时,按住鼠标左键,像画线一样连接各 I/O 信号。

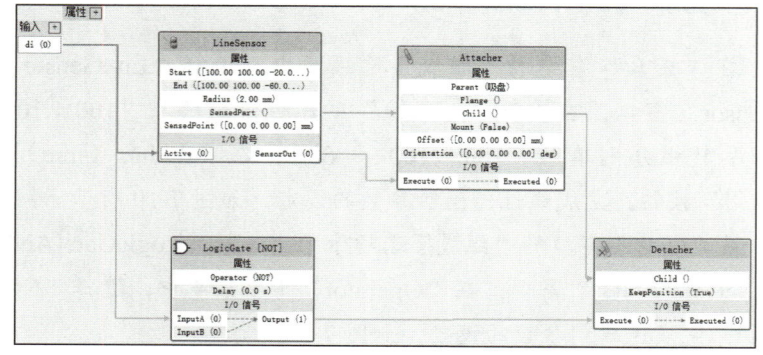
图 7-13　Smart 组件 I/O 信号连接方法

步骤 6▶ 在"布局"窗口中,选中"MyNewTool",按住鼠标左键,将其拖入下方的"吸盘"组件中,使其成为组件的一部分。在"吸盘"窗口的"组成"选项卡中,右击"MyNewTool",在弹出的快捷菜单中,选择"设定为Role"选项,如图 7-14 所示。此时,"MyNewTool"会移动到"角色"中,作为吸盘的子对象组件。

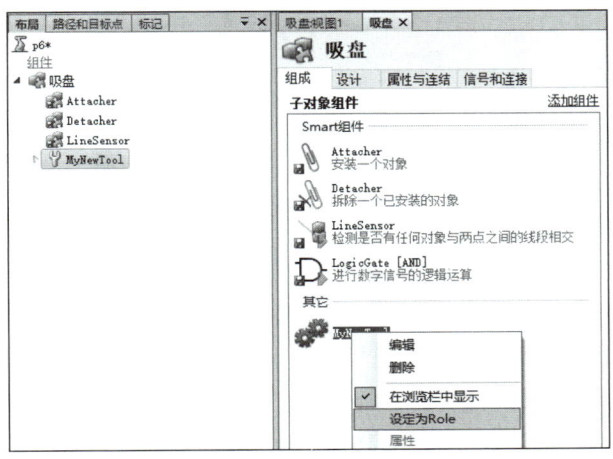

图 7-14 将"MyNewTool"设置为吸盘的子对象组件

步骤 7▶ 在"布局"窗口中,右击"吸盘",在弹出的快捷菜单中,选择"设定本地原点"选项(见图 7-15),弹出"设置本地原点:吸盘"窗口。坐标原点的位置参数有两种设定方式,第一种是直接输入位置参数,在"位置 X、Y、Z(mm)"参数栏直接输入"100、100、60"(吸盘在设定此参数之前未有任何移动),如图 7-16 所示;第二种是捕捉中心,在"视图"窗口中,点亮"选择部件"和"捕捉中心"两个工具选项,单击吸盘工具法兰盘上表面中心点,如图 7-17 所示。在"方向(deg)"参数栏输入"0、180、0"。依次单击"应用"→"关闭"按钮。

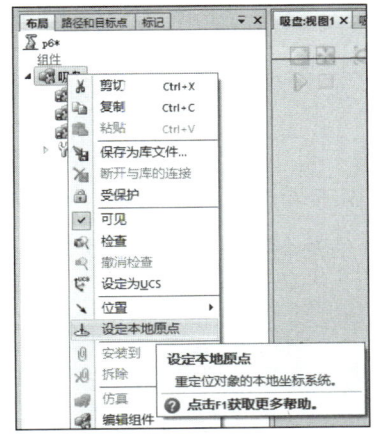

图 7-15 选择"设定本地原点"选项

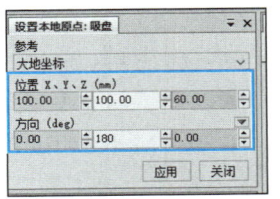

图 7-16 直接输入位置参数

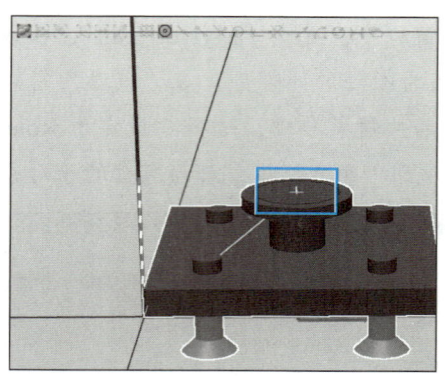

图 7-17　捕捉中心

步骤 8▶　选择"基本"→"ABB 模型库"→"IRB 2600"选项，在弹出的"IRB 2600"对话框中，各参数保持默认，单击"确定"按钮。在"布局"窗口中，右击"吸盘"，在弹出的快捷菜单中，选择"安装到"→"IRB2600_12_165_C_01 ()"选项，如图 7-18 所示。在弹出的"更新位置"对话框中，单击"是"按钮，即可将吸盘工具位置更新至工业机器人腕部关节处，如图 7-19 所示。

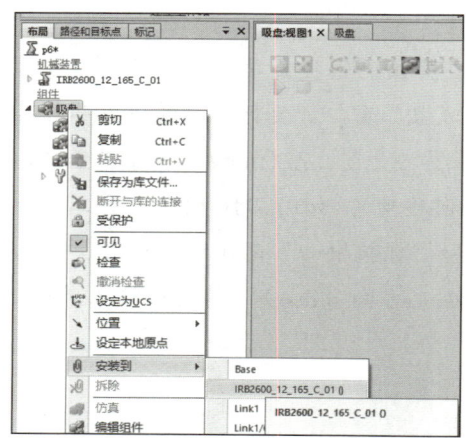

图 7-18　安装吸盘工具

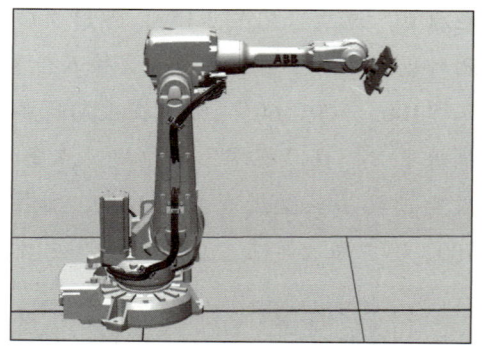

图 7-19　更新吸盘工具位置

（二）创建仿真工作站搬运路径

步骤 1▶　选择"基本"→"机器人系统"→"从布局"选项，在弹出的"从布局创建系统"对话框中，各参数保持默认，创建一个工业机器人系统，等待软件界面右下角变为"控制器状态：1/1"。

步骤 2▶　在"路径和目标点"窗口中，依次展开"System1"→"T_ROB1"→"工具数据"，右击"MyNewTool"，在弹出的快捷菜单中，选择"设定为激活"选项，将吸盘工具激活为默认使用工具，如图 7-20 所示。

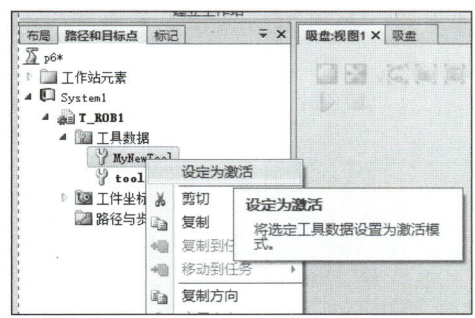

图 7-20　将吸盘工具激活为默认使用工具

> **小提示**
>
> 名称"System1"是创建工业机器人系统时软件默认设置的，不同用户的系统名称编号可能有所不同。

步骤 3　选择"建模"→"固体"→"矩形体"选项，如图 7-21 所示。在弹出的"创建方体"窗口的"长度（mm）""宽度（mm）""高度（mm）"参数栏中，依次填入"100""100""20"，单击"创建"→"关闭"按钮，生成"部件_1"。在"布局"窗口中，右击"部件_1"，在弹出的快捷菜单中，选择"复制"选项；然后右击"p6"，在弹出的快捷菜单中，选择"粘贴"选项，生成"部件_2"。在"基本"→"Freehand"面板中，使用"移动"工具，拖动"部件_1"和"部件_2"，将它们放置到合适的位置，如图 7-22 所示。

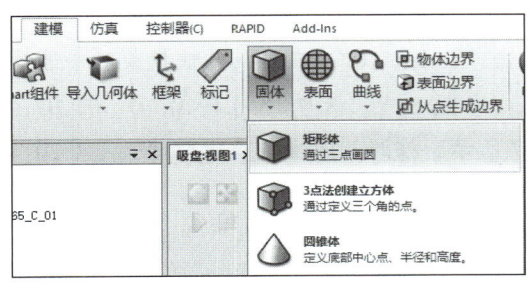

图 7-21　选择"矩形体"选项

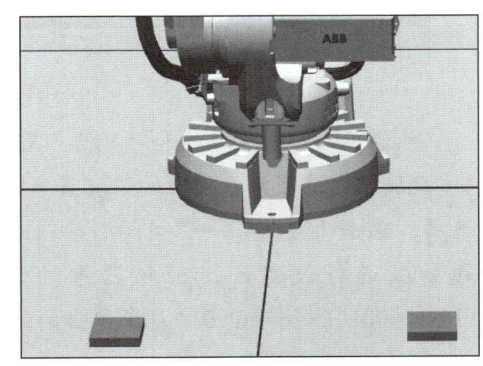

图 7-22　将部件放置到合适位置

步骤 4　选择"基本"→"目标点"→"创建目标"选项，如图 7-23 所示。在弹出的"创建运动指令"对话框中，单击"确定"按钮。在弹出的"创建目标"窗口中，单击"位置（mm）"的第一个参数栏，将第一个参数栏光标点亮，并在"视图"窗口中，点亮"选择部件"和"捕捉中心"两个工具选项。单击"部件_1"上表面中心点，捕捉该点位置参数并更新至参数栏，如图 7-24 所示。单击"部件_2"上表面中心点，捕捉该点位置参数并更新至参数栏，如图7-25所示。单击"创建"按钮，完成"Target_10""Target_20"两个目标点的创建，如图7-26所示。

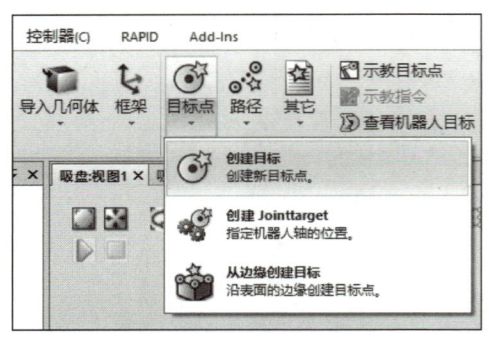

图7-23 创建目标点

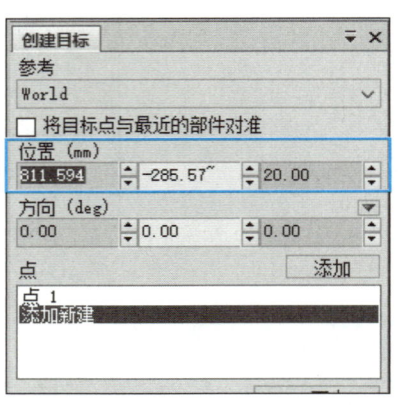

图7-24 "部件_1"上表面中心点位置参数

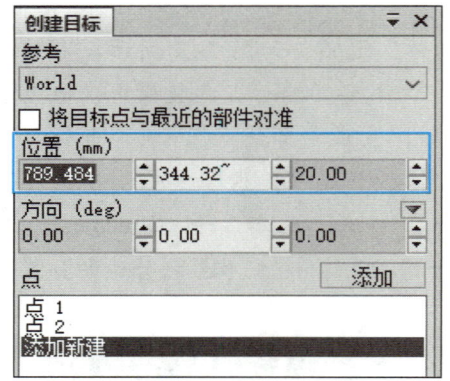

图7-25 "部件_2"上表面中心点位置参数

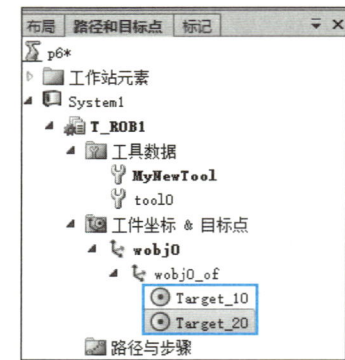

图7-26 完成两个目标点的创建

步骤5▶ 在"路径和目标点"窗口中，右击"Target_10"，在弹出的快捷菜单中选择"参数配置"选项。在弹出的"配置参数：Target_10"窗口中，选择"Cfg1（0，0，0，0）"选项，单击"应用"→"关闭"按钮，如图7-27所示。按照相同操作步骤对"Target_20"的参数进行设定，工业机器人的动作如图7-28所示。在"布局"窗口中，右击"IRB2600_12_165_C_01"，在弹出的快捷菜单中，选择"回到机械原点"选项。

知识链接

工业机器人"配置参数"中的"Cfg"可用来设定工业机器人关节轴的旋转状态或角度。

步骤6▶ 选择"基本"→"路径"→"空路径"选项，如图7-29所示。此时，在"路径和目标点"窗口中会生成"Path_10"空路径。使用快捷键"Ctrl"，选中"Target_10"和

"Target_20",将其拖入"Path_10"中,生成路径"MoveL Target_10"和"MoveL Target_20",如图7-30所示。

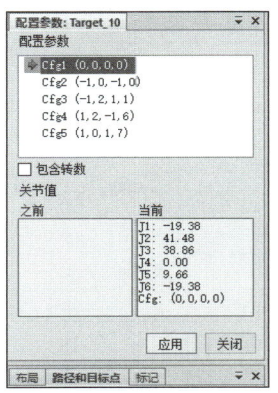 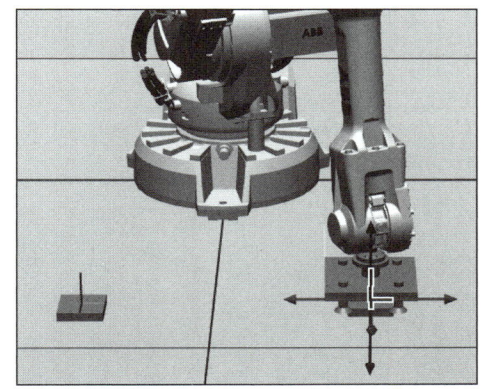

图7-27 设定"Target_10"的参数　　图7-28 设定"Target_20"参数后工业机器人的动作

 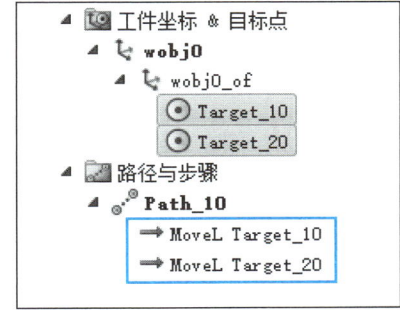

图7-29 创建空路径　　图7-30 将目标点导入路径

步骤7 选择"基本"→"同步"→"同步到 RAPID"选项,在弹出的"同步到 RAPID"对话框中,勾选"同步"下方所有选项,单击"确定"按钮,如图7-31所示。

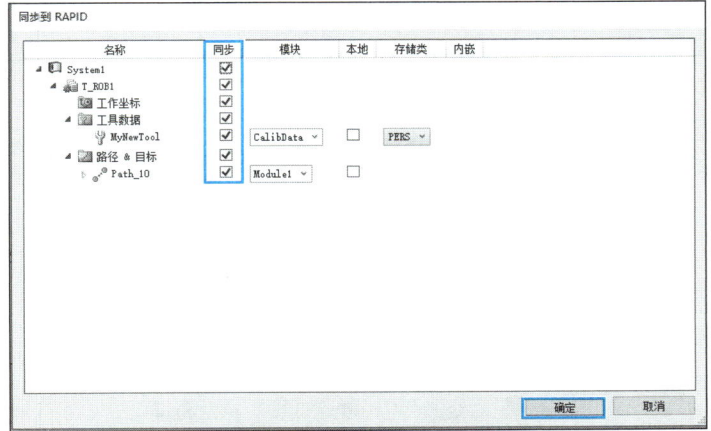

图7-31 "同步到RAPID"对话框

131

步骤 8▶ 添加数字输出信号。选择"控制器"→"配置"→"添加信号"选项，如图 7-32 所示。在弹出的"添加信号：Syetem1"对话框中，"信号类型"选择为"数字输出"，"信号名称"输入"do"，"分配给 设备"选择为"无"，其他参数保持默认，单击"确定"按钮，如图 7-33 所示。

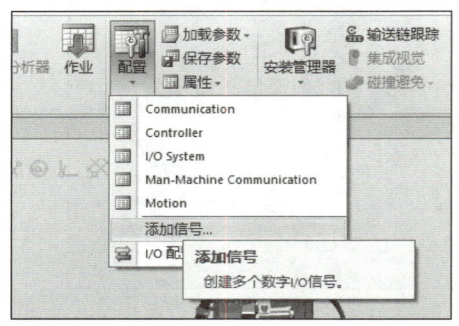

图 7-32 选择"添加信号"选项

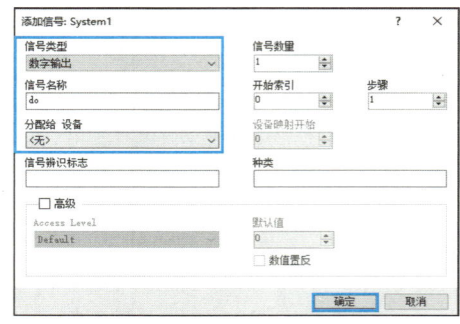

图 7-33 设定数字输出信号参数

步骤 9▶ 在弹出的重启对话框中，单击"确定"按钮。选择"控制器"→"重启"选项，在弹出的"重启动（热启动）（R）"对话框中，单击"确定"按钮。软件界面右下角变为"控制器状态：1/1"，表示参数设定成功。

二、编写与调试工业机器人搬运程序

（一）编写搬运程序

打开虚拟示教器，将显示语言改为中文，选择手动模式，然后打开虚拟示教器中的"程序编辑器"，编写搬运程序。具体步骤如下。

编写与调试工业机器人搬运程序

步骤 1▶ 在主程序编辑界面，单击"添加指令"按钮，选择"MoveAbsJ"指令。在弹出的"添加指令"对话框中，单击"下方"按钮，插入第一条程序语句。将"tool0"修改为"MyNewTool"，如图 7-34 所示。

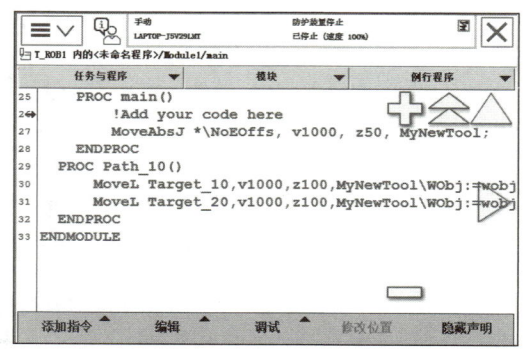

图 7-34 插入第一条程序语句

步骤2▶ 使用"添加指令"的方式将搬运程序全部输入至示教器中,如图7-35所示。编写程序时,灵活使用"编辑"命令中的"复制"和"粘贴"功能可使工作事半功倍。

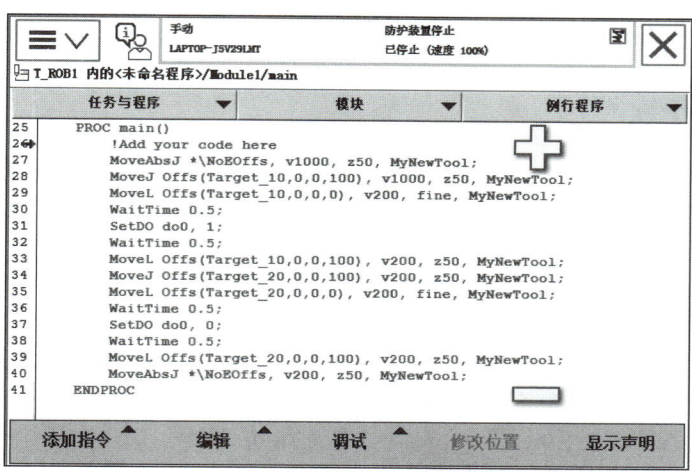

图 7-35 编写搬运程序

搬运程序如下。

MoveAbsJ *\NoEOffs,v1000,z50,MyNewTool;
      ! 起始点位置
MoveJ Offs(Target_10,0,0,100),v1000,z50,MyNewTool;
      ! 关节运动至点 1 上方 100 mm
MoveL Offs(Target_10,0,0,0),v200,fine,MyNewTool;
      ! 线性运动至点 1
WaitTime 0.5;
SetDO do0,1;   ! 吸附
WaitTime 0.5;
MoveL Offs(Target_10,0,0,100),v200,z50,MyNewTool;
      ! 线性运动至点 1 上方 100 mm
MoveJ Offs(Target_20,0,0,100),v200,z50,MyNewTool;
      ! 关节运动至点 2 上方 100 mm
MoveL Offs(Target_20,0,0,0),v200,fine,MyNewTool;
      ! 线性运动至点 2
WaitTime 0.5;
SetDO do0,0;   ! 释放
WaitTime 0.5;

MoveL Offs(Target_20,0,0,100),v200,z50,MyNewTool;
！线性运动至点 2 上方 100 mm
MoveAbsJ *\NoEOffs,v200,z50,MyNewTool;
！回到起始点

小提示

在上述搬运程序的各 MoveAbsJ 程序语句中，"*"的绝对轴位置数据为"[[0, 0, 0, 0, 30, 0], [9E+9, 9E+9, 9E+9, 9E+9, 9E+9, 9E+9]]"。

步骤 3 搬运程序编写完毕后，在"视图"窗口中，右击"部件_2"，取消勾选"可见"选项，隐藏"部件_2"，如图 7-36 所示。

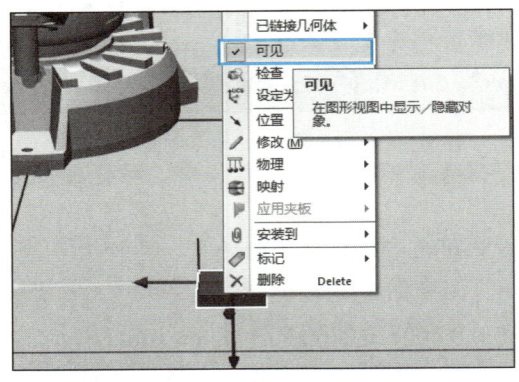

图 7-36 隐藏"部件_2"

笔记

（二）调试搬运程序

搬运程序编写完毕后，需要对程序进行调试和仿真运行，模拟实际中搬运机器人的工作过程，具体操作步骤如下。

步骤 1 选择"仿真"→"工作站逻辑"→"设计"，在"设计"选项卡中，将"System1"的"I/O 信号"选择为"do0"，如图 7-37 所示。将"System1"和"吸盘"按照如图 7-38 所示的方法进行连接。

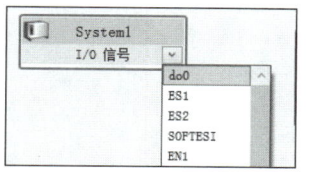
图7-37 "I/O信号"选择为"do0"

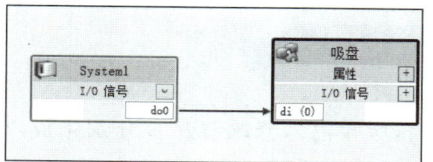
图7-38 I/O信号连接方法

步骤2▶ 选择"仿真"→"重置"→"保存当前状态"选项，在弹出的"保存当前状态"窗口中，"名称"输入"搬运"，然后勾选"包括"下方的选项，使"对象状态"和"控制器状态"全部勾选，单击"确定"按钮，如图7-39所示。

步骤3▶ 打开虚拟示教器，进入主程序编辑界面，单击"调试"按钮，选择"检查程序"选项，确定程序没有错误之后，选择"PP移至Main"选项。此时，程序指针指向"Main"主程序第一条待执行指令，如图7-40所示。

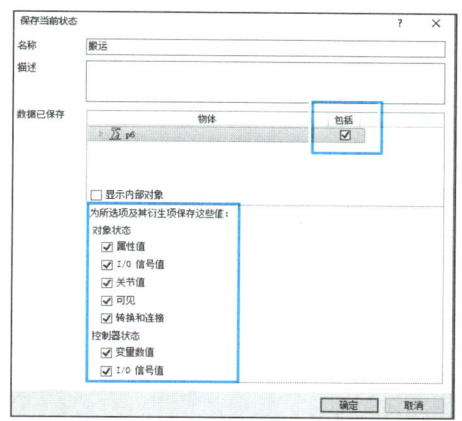
图7-39 保存当前状态

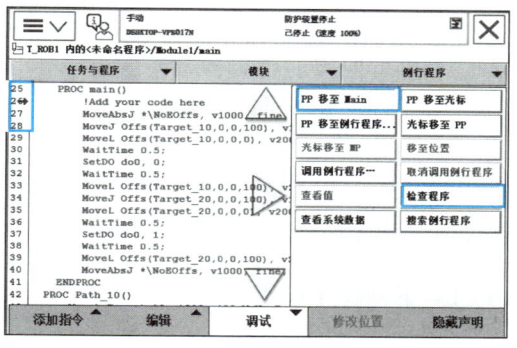
图7-40 调试程序

步骤4▶ 按下使能器按钮"Enable"，单击虚拟示教器右下角的启动按钮"▶"（或步进按钮），搬运机器人开始执行搬运动作，如图7-41所示。单击停止按钮"■"可停止程序运行。

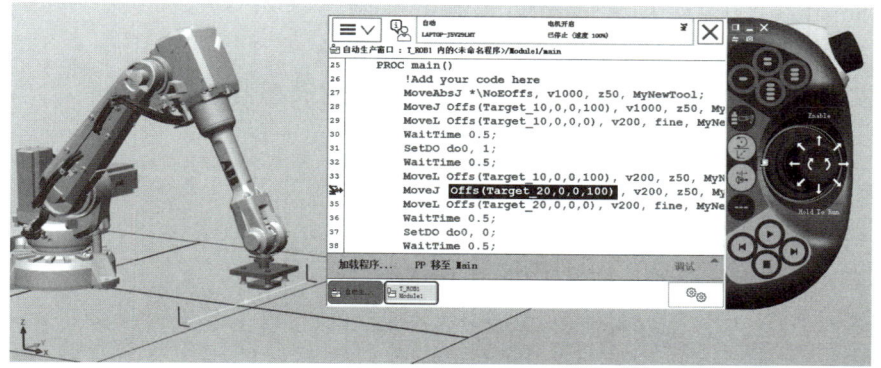
图7-41 执行搬运动作

头脑风暴

根据所学内容修改程序，分别完成以下三种搬运任务。

（1）待搬运工件为一个直径 200 mm、高 30 mm 的圆柱体。

（2）增加一个中间点，先将工件由"Target_10"搬运至"Target_20"，再搬运至"Target_30"。

（3）将"Target_10"处的"部件_1"和"Target_20"处的"部件_2"搬运至同一个目标点"Target_30"，要求"部件_1"和"部件_2"层叠码放。

学习效果测评

一、填空题

（1）Smart 组件是用于对工业机器人工作站进行_____的关键组件。

（2）坐标原点的位置参数设置有_____和_____两种方式。

（3）生成"Path_10"空路径的操作步骤：选择"_____"→"_____"→"空路径"选项。

二、选择题

（1）下列程序语句可使程序等待 0.5 s 后再执行的是（　　）。

　　A．WaitTime 0.5;　　　　　　B．WaitDI di1,0.5;

　　C．WaitUntil di1=0.5;　　　　D．WaitDO do1,0.5;

（2）Smart 组件中的"LogicGate"表示（　　）。

　　A．吸附　　　　　　　　　　B．释放

　　C．逻辑门电路　　　　　　　D．线性传感器

（3）Smart 组件中的"LineSensor"表示（　　）。

　　A．吸附　　　　　　　　　　B．释放

　　C．逻辑门电路　　　　　　　D．线性传感器

三、简答题

（1）简述搬运机器人的特点。

（2）简述搭建搬运机器人仿真工作站的步骤。

项目七　编写与调试搬运程序

项目总结与反馈

指导教师根据学生的实际学习情况进行评价，学生配合指导教师共同完成如表 7-4 所示的学习成果评价表。

表 7-4　学习成果评价表

班级		组号		日期	
姓名		学号		指导教师	
评价项目	评价内容			满分/分	评分/分
知识（30%）	了解搬运机器人的特点			15	
	了解搬运机器人的基本编程思路			15	
技能（50%）	能够搭建搬运机器人仿真工作站			20	
	能够编写与调试工业机器人搬运程序			30	
素质（20%）	积极参加教学活动，主动学习、思考、讨论			5	
	认真负责，按时完成学习、训练任务			5	
	团结协作，组员之间能够密切配合			5	
	服从指挥，遵守课堂纪律			5	
合计				100	
自我评价					
指导教师评价					

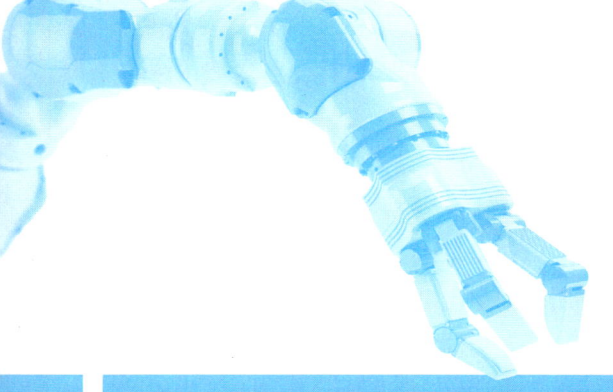

项目八
编写与调试自动喷涂程序

项目导读

喷涂作业环境充满了易燃易爆的有害物质，对操作人员的健康构成了严重威胁，因此，规模化的工厂基本实现了喷涂机器人代替操作人员进行喷涂作业。这些喷涂机器人不仅能减少操作人员与有害物质的直接接触，还能高效地完成喷涂任务，从而降低生产成本。

本项目将先介绍喷涂机器人仿真工作站的搭建方法，然后带领大家完成喷涂机器人仿真工作站的搭建，以及自动喷涂程序的编写与调试。

学习目标

知识目标
- 了解喷涂机器人的特点。
- 了解喷涂机器人的基本编程思路。

技能目标
- 能够搭建喷涂机器人仿真工作站。
- 能够编写与调试工业机器人自动喷涂程序。

素质目标
- 树立追求卓越、勇于拼搏的奋斗精神。
- 养成坚持不懈、刻苦钻研的职业作风。

项目八 编写与调试自动喷涂程序

项目工单——认识喷涂机器人

一、思维导图

思维导图（见图 8-1）可清晰地描绘出本项目需要学习的要点。请学生根据思维导图预习相关知识，以便更有针对性地学习。

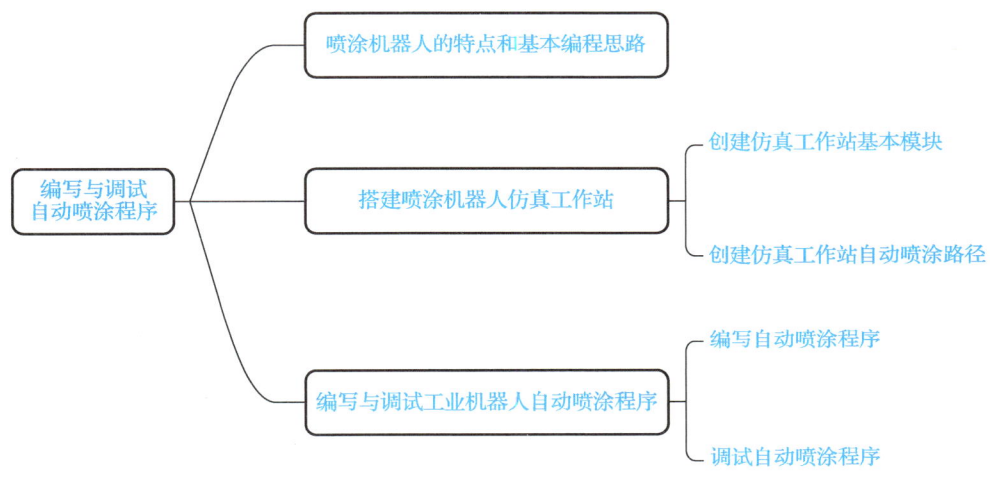

图 8-1 思维导图

二、小组分工

以 3~5 人为一组，选出组长并进行小组分工，将小组概况及分工填入表 8-1 中。

表 8-1 小组概况及分工

班级		组号		指导教师	
小组成员	姓名	学号	小组分工		
组长					
组员					

141

三、制订计划

根据小组分工,查阅相关资料,了解喷涂机器人的特点及基本编程思路,对喷涂机器人进行初步认识,然后制订工作计划,并将其填入表 8-2 中。

表 8-2　工作计划

步骤	工作内容	负责人

四、成长记录

学习本项目后,学生可以通过截图、录视频、保存系统文件的方式记录自己的项目实施成果。在表 8-3 中,可以展示自己的项目实施成果,也可以将项目实施过程中遗漏的要点、遇到的问题和解决方法记录下来。

表 8-3　成长记录表

(可以将项目实施成果展示在此处;也可以在此处记录项目实施过程中遗漏的要点、遇到的问题和解决方法等)

项目八　编写与调试自动喷涂程序

知识准备

一、喷涂机器人的特点

喷涂机器人是可进行自动喷漆或喷涂其他涂料的工业机器人，广泛应用于汽车制造业、航空业、建筑业、家具制造业、船舶制造业等，其主要特点如下。

（1）喷涂精确且高效。喷涂机器人能够精确控制运动轨迹和喷涂参数（如出漆量、雾化空气量等），以确保涂层均匀，保障喷涂质量。喷涂机器人喷涂速度快，能在短时间内完成大面积或复杂形状的喷涂作业。

（2）灵活性好。喷涂机器人具有较大的活动半径和灵活性，能够在同一工序实现内表面和外表面的喷涂作业。喷涂机器人可根据工件外形自动调整喷枪的角度、位置，以及喷涂面积等，实现全方位、无死角喷涂。

（3）涂料利用率高。喷涂机器人可通过精确的控制提高涂料的利用率，利用率最高可达 95%，减少了过度喷涂的情况，也减少了清洗溶剂的用量。

（4）安全且环保。喷涂机器人通常采用防爆设计，确保在喷涂易燃易爆涂料时的安全性。喷涂机器人可减少涂料的浪费和污染物的排放，更加环保。

（5）适应性强。喷涂机器人能够根据不同的需求，灵活调整喷涂参数和涂料类型，以适应生产线上不同的生产需求，减少了更换设备和调整工艺的时间与成本。

综上所述，喷涂机器人在喷涂作业中具有诸多优势，是现代工业自动化生产中不可或缺的设备。

知识链接

按照手腕结构形式的不同，喷涂机器人可分为球形手腕喷涂机器人（见图 8-2）和非球形手腕喷涂机器人（见图 8-3）两种。其中，球形手腕喷涂机器人的第 4～6 轴包括一个摆动轴和两个旋转轴。

图 8-2　球形手腕喷涂机器人

图 8-3　非球形手腕喷涂机器人

按照喷涂方式的不同，喷涂机器人可分为有气喷涂机器人（见图8-4）和无气喷涂机器人（见图8-5）两种。

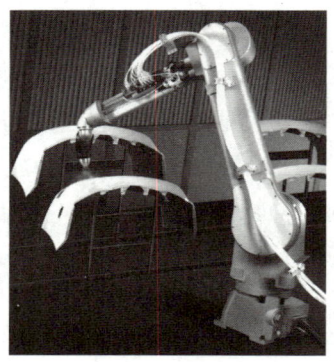

图8-4　有气喷涂机器人

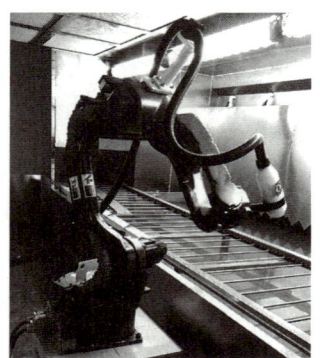

图8-5　无气喷涂机器人

二、喷涂机器人的基本编程思路

本项目工业机器人本体型号选用软件模型库中的"IRB 5500"，项目主要工作包括喷枪Smart组件的创建和设定、自动喷涂路径和目标点的创建、自动喷涂程序的编写和调试等。

喷涂机器人的基本编程思路如图8-6所示。

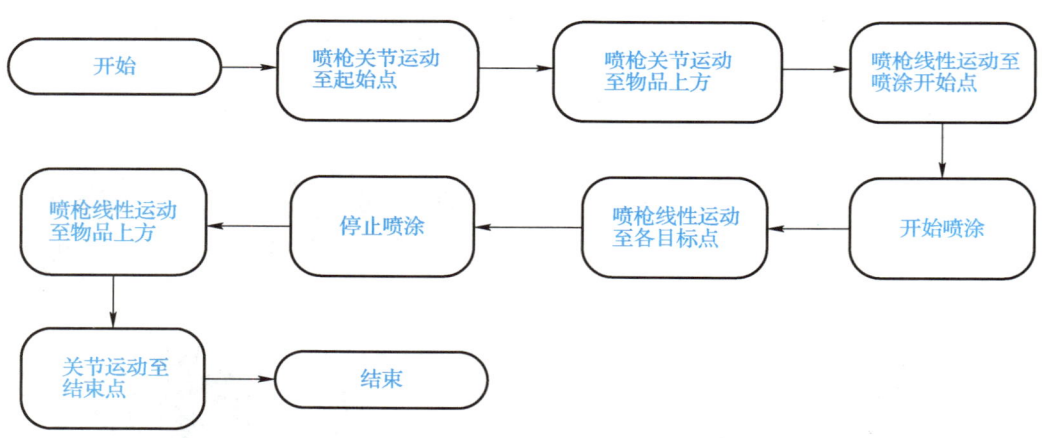

图8-6　喷涂机器人的基本编程思路

本项目喷涂对象为一个矩形体，需要对其四周进行喷涂作业。喷涂机器人的路径规划如图8-7所示。

如图8-7所示，点1、点9为自动喷涂程序的起始点和结束点，为同一点；点2、点8为喷涂开始点（点3）上方合适位置，为同一点；点3～点7为目标点，它们形成的路径为喷枪喷涂的路径，其中，点3与点7为同一点。

项目八　编写与调试自动喷涂程序

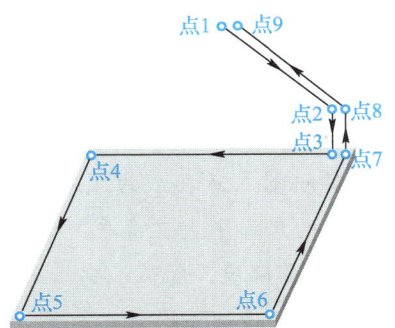

图 8-7　喷涂机器人的路径规划

知识链接

喷涂机器人的喷涂工艺流程包括预处理、程序设定、定位、喷涂、精细调整、质量检验、后处理等。

（1）预处理：在开始喷涂前，工件需要经过清洗、除锈、打磨，确保表面平整光滑，无杂质和油污，为后续的喷涂工作做好准备。

（2）程序设定：主要有喷涂路径规划、工业机器人运动轨迹设定，以及涂料喷涂参数设定。正确设定程序可以确保喷涂的精准性和效率。

（3）定位：机械臂负责移动和定位，确保在需要的地方进行喷涂。

（4）喷涂：喷涂机器人通过喷枪控制喷涂速度和范围。

（5）精细调整：在喷涂过程中根据需要调整喷涂参数，以确保涂层均匀。

（6）质量检验：喷涂完毕后，对工件进行质量检验，确保喷涂效果符合要求，包括涂层厚度、均匀性、光泽度、附着力等的检验。

（7）后处理：喷涂完毕后，工件还需要进行烘干、清理等处理。

砥节砺行

机器人"工友"来帮忙

在深圳龙岗区深圳工业软件园，喷涂打磨一体机器人正快速挥舞机械臂，将液体乳胶漆从上至下均匀喷涂至墙面。随后，在激光接收器导航下，它继续向右，喷涂下一个作业面，两个作业面无缝衔接。就在前一天，这台机器人还完成了腻子的自动喷涂、打磨，为乳胶漆施工打好了基础。

过去，墙面涂料施工需要工人近距离涂刷、打磨。腻子在前、乳胶漆在后，两个班组轮番作业，满身灰尘。"现在工人只需要在操控面板上规划好作业路线，机器人就可以'包揽'上底漆、打磨、面漆喷涂全过程，施工环境得到改善。"深圳工业软件园项目副总工兼技术部主任赵宸君说。

据测算，在合适的条件下，一台喷涂打磨一体机器人的施工效率是传统施工方式的两倍左右，施工数据还可实时回传至项目工地的"智慧大脑"——智能建造监测系统云平台。

工地上，还有其他类型的机器人正在成为工人的"左膀右臂"，在混凝土浇筑、地砖铺设等劳动强度较大的工序中大显身手。这些机器人不仅大幅提升了施工效率，还显著改善了工人的工作环境，降低了职业病的发生风险。

随着技术的不断进步和成本的进一步降低，机器人在建筑行业的应用范围还将不断扩大，助力建筑行业实现更高效、更环保、更安全的发展。而这一切，都正在深圳工业软件园这样的工地上悄然发生。

（资料来源：王云娜，《深圳工业软件园上数字化、智能化建造技术工地上，机器人"工友"来帮忙》，人民日报，2024年11月6日）

项目实施

一、搭建喷涂机器人仿真工作站

喷涂机器人仿真工作站的搭建需要创建仿真工作站基本模块，并创建仿真工作站自动喷涂路径。

搭建喷涂机器人仿真工作站

（一）创建仿真工作站基本模块

创建仿真工作站基本模块的具体步骤如下。

步骤1▶ 如图8-8所示创建一个喷涂机器人系统。工业机器人型号为"IRB 5500"，安装参数选择为地面安装"Floor"，其他参数保持默认；喷枪型号为"ROBOBEL926 T TD 03"；矩形体的长、宽、高分别为1 000 mm、1 000 mm、30 mm，"角点（mm）"参数栏分别填入"1 000""−1 000""1 000"。

步骤2▶ 选择"建模"→"Smart组件"选项，创建一个新的Smart组件"SmartComponent_1"。在"SmartComponent_1"窗口中，分别选择"组成"→"添加组件"→"其它"→"PaintApplicator"及"ColorTable"选项；选择"组成"→"添加组件"→"控制器"→"RapidVariable"选项。添加的3个子对象组件，如图8-9所示。

步骤3▶ 右击"PaintApplicator"，在弹出的快捷菜单中，选择"属性"选项，弹出"属性：PaintApplicator"窗口。按照如图8-10所示的内容，分别设定"Part""Strength""Range（mm）""Width（mm）""Height（mm）"等参数，其他参数保持默认。参数设定完毕后，依次单击"应用"→"关闭"按钮。

步骤4 ▶ 右击"ColorTable",在弹出的快捷菜单中,选择"属性"选项,弹出"属性:ColorTable"窗口。按照图8-11所示的内容,将"NumColors"设定为"2","SelectedColorIndex"和"SelectedColor"保持默认,单击"Color0"下方的黑色色块,将黑色改为红色,单击"确定"按钮。同样,将"Color1"下方的白色色块改为绿色。

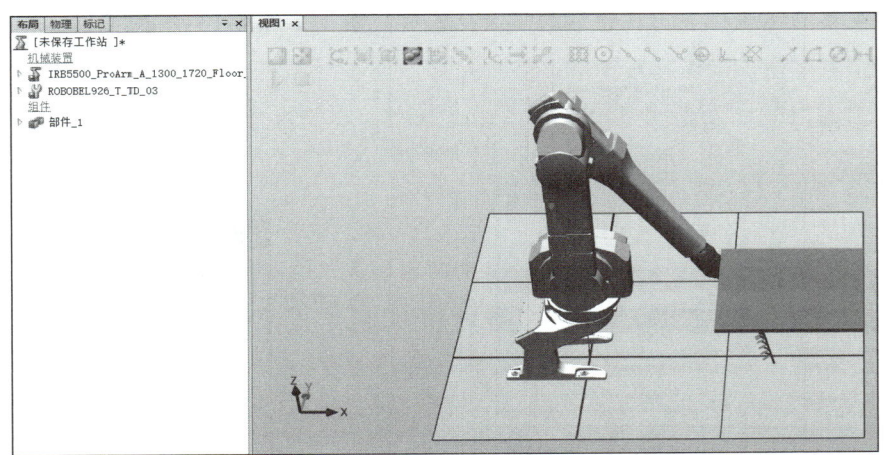

图8-8 创建一个喷涂机器人系统

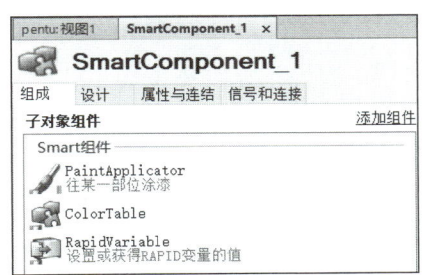

图8-9 添加子对象组件

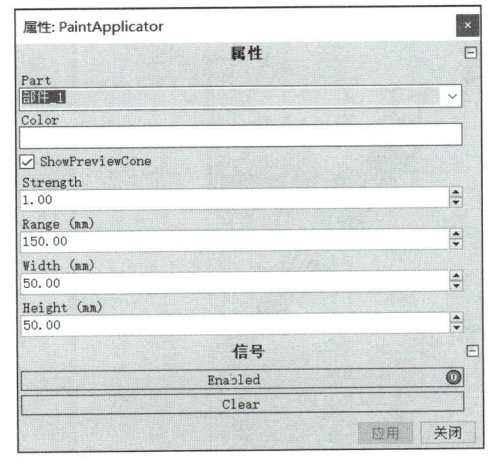

图8-10 "PaintApplicator"参数设定

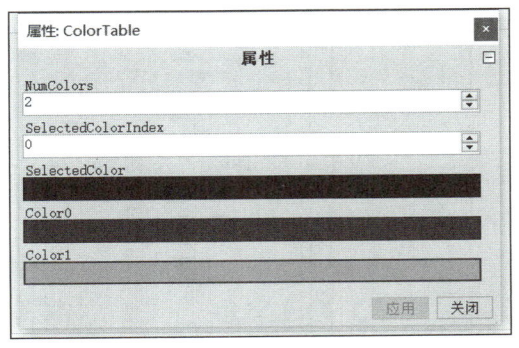

图8-11 "ColorTable"参数设定

步骤 5 ▶ 在"布局"窗口中,右击"PaintApplicator",在弹出的快捷菜单中,选择"安装到"→"ROBOBEL926_T_TD_03"选项,如图 8-12 所示。在弹出的"选择工具柜架"对话框中,选择"ROBOBEL926_T_TD_0"选项,单击"确定"按钮,然后在弹出的"更新位置"对话框中,单击"是"按钮。在"视图"窗口中,调整工作站的查看视角,可以观察到喷枪位置出现锥形的喷涂范围透视图,如图 8-13 所示。

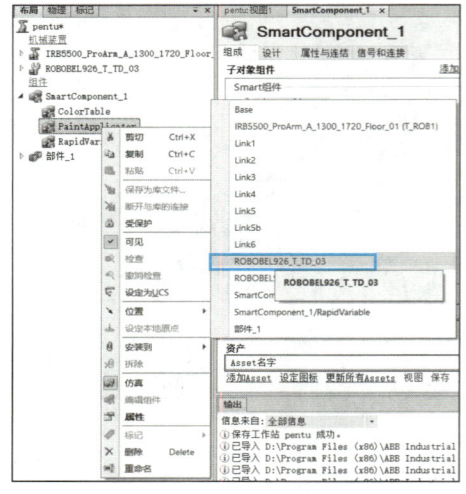
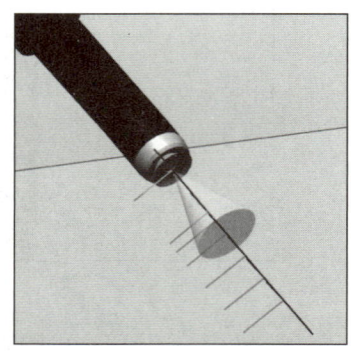

图 8-12 安装"PaintApplicator"组件　　　　　图 8-13 喷涂范围透视图

步骤 6 ▶ 在"基本"选项卡下的"路径和目标点"窗口中,展开"System13"→"T_ROB1"→"工具数据",即展开喷涂范围的参考坐标系。根据步骤 3 所定义的"Range(mm)"参数可知,150 mm 为有效范围。右击"ROBOBEL926_T_TD_0",在弹出的快捷菜单中,取消勾选"查看"→"可见"选项。同样,取消勾选除"ROBOBEL926_T_TD_150"以外的其他参考坐标系的"可见"选项,如图 8-14 所示。

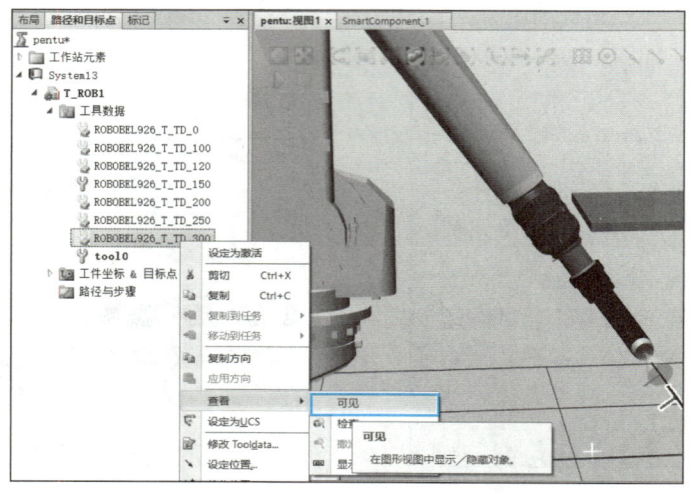

图 8-14 隐藏喷涂范围参考坐标系

项目八　编写与调试自动喷涂程序

步骤 7▶ 选择"控制器"→"配置"→"I/O System"选项，弹出"配置-I/O System"窗口。右击"Signal"，选择"新建 Signal"选项，弹出"实例编辑器"对话框。"Name"输入"do1"，"Type of Signal"选择为"Digital Output"，单击"确定"按钮，如图 8-15 所示。此时，弹出对话框提示"控制器重启后更改才会生效"，单击"确定"按钮。选择"控制器"→"重启"选项，在弹出的"重启动（热启动）（R）"对话框中，单击"确定"按钮，软件界面右下角变为"控制器状态：1/1"，表示参数设定成功。

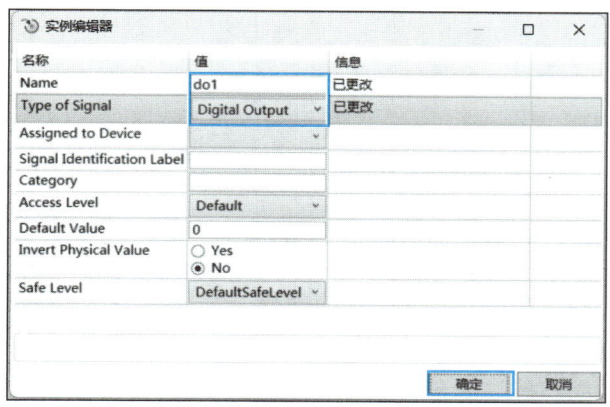

图 8-15　添加数字输出信号

（二）创建仿真工作站自动喷涂路径

步骤 1▶ 选择"基本"→"路径"→"空路径"选项，在"路径和目标点"窗口中创建一个空路径"Path_10"。

步骤 2▶ 参考如图 8-7 所示的路径规划，移动喷枪至喷涂对象上方合适位置作为点 1，并调整喷枪的角度，如图 8-16 所示。在软件界面右下角，将运动指令设定为"MoveJ"，速度设定为"v500"，转弯半径设定为"fine"，工具设定为"ROBOBEL926_T_TD_150"，如图 8-17 所示。

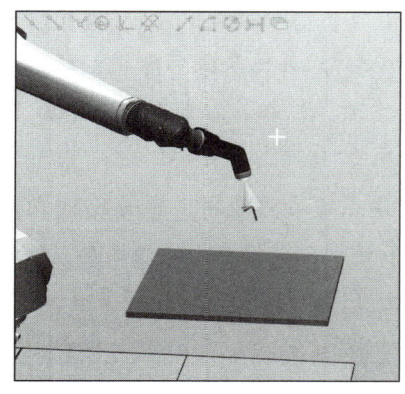

图 8-16　移动喷枪至点 1

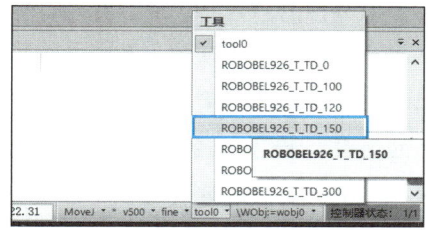

图 8-17　设定指令及参数

149

知识链接

在"基本"→"Freehand"面板中，使用"手动线性"工具可操纵视图中的喷枪做线性运动，如图8-18（a）所示；使用"手动重定位"工具可操纵喷枪做重定位运动，如图8-18（b）所示。

此外，也可使用虚拟示教器操纵喷枪做线性运动或重定位运动。

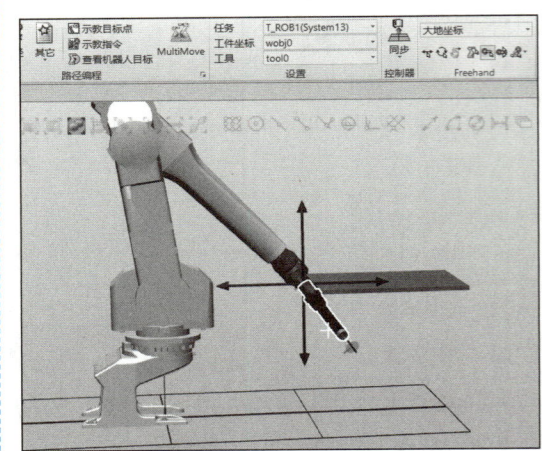
（a）线性运动

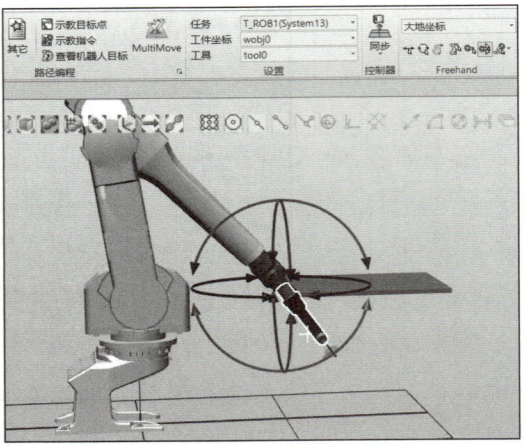
（b）重定位运动

图8-18 操纵喷枪运动

步骤3▶ 选择"基本"→"示教指令"选项，在弹出的对话框中单击"是"按钮。此时，左侧窗口"Path_10"路径下出现名称为"MoveJ Target_10"的运动路径。

步骤4▶ 调整喷枪位置，使其尽量和喷涂对象保持垂直，然后移动喷枪至点2，如图8-19所示。选择"基本"→"示教指令"选项，在弹出的对话框中单击"是"按钮。此时，左侧窗口"Path_10"路径下出现名称为"MoveJ Target_20"的运动路径。

步骤5▶ 移动喷枪至点3，保证喷涂范围和喷涂对象基本垂直，并与喷涂对象接触，如图8-20所示。将运动指令设定为线性运动"MoveL"，其他参数与点1一致。选择"基本"→"示教指令"选项，在弹出的对话框中单击"是"按钮。左侧窗口"Path_10"路径下出现名称为"MoveL Target_30"的运动路径。

步骤6▶ 按照如图8-7所示的路径规划依次创建各点的运动路径，如图8-21所示。其中，喷枪至点1、点2、点8、点9的运动路径为关节运动，其他点为线性运动；喷枪至各点的速度、转弯半径相同，工具均为"ROBOBEL926_T_TD_150"；喷枪至点3、点4、点5、点6和点7的运动路径均应保证喷涂范围与喷涂对象接触。

项目八　编写与调试自动喷涂程序

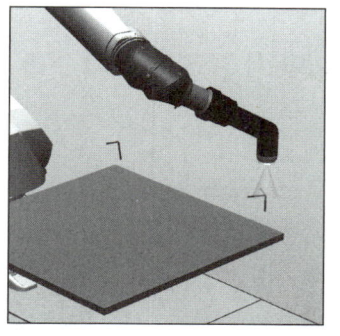

图 8-19　点 2 的位置

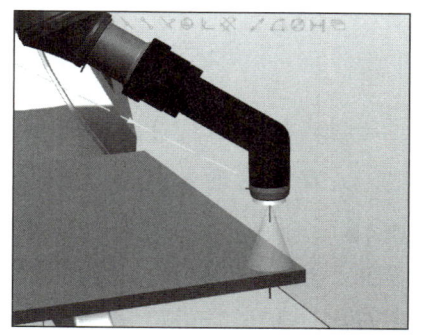

图 8-20　点 3 的位置

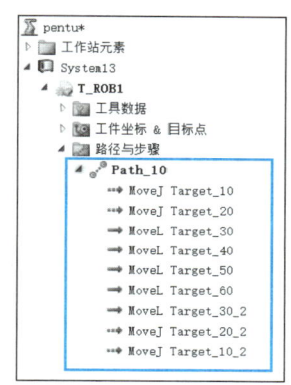

图 8-21　创建各点的运动路径

知识链接

在如图 8-7 所示的路径规划中，点 1 和点 9、点 2 和点 8、点 3 和点 7 的坐标位置一致，因此可直接复制运动路径。例如，在创建喷枪至点 7 的运动路径时，首先右击"MoveL Target_30"，在弹出的快捷菜单中选择"复制"选项，然后右击"MoveL Target_60"，在弹出的快捷菜单中选择"粘贴"选项，最后在弹出的对话框中单击"是"按钮，完成路径的创建。

步骤 7▶ 选择"基本"→"同步"→"同步到 RAPID"选项，在弹出的"同步到 RAPID"对话框中，勾选"同步"下方的所有选项，单击"确定"按钮。

笔记

二、编写与调试工业机器人自动喷涂程序

编写与调试工业机器人自动喷涂程序的具体步骤如下。

(一) 编写自动喷涂程序

步骤 1▶ 打开虚拟示教器,将显示语言改为中文,选择手动模式。单击"主菜单"按钮,选择"程序数据"选项。进入数据类型选择界面后,选择"num"选项,单击"显示数据"按钮。进入程序数据选择界面后,单击"新建"按钮,如图8-22所示。

编写与调试工业机器人自动喷涂程序

步骤 2▶ 在"新数据声明"界面中,"名称"输入"ColorX","存储类型"选择为"可变量",其他参数保持默认,单击"确定"按钮,如图8-23所示。

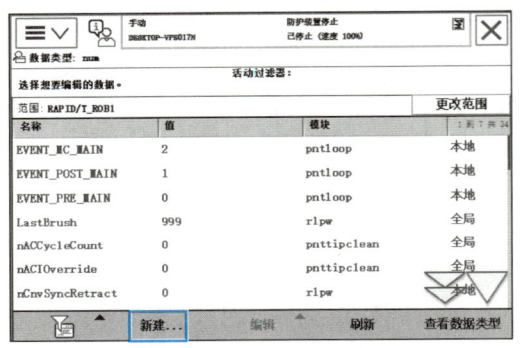

图8-22 新建num类型数据

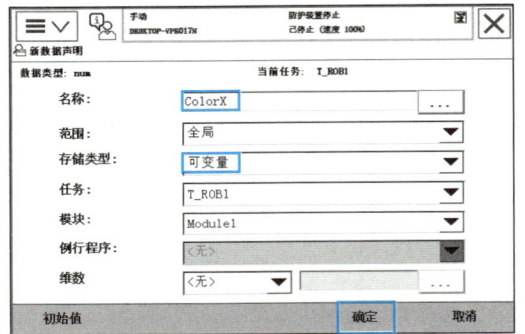

图8-23 新建颜色可变量"ColorX"

步骤 3▶ 单击"主菜单"按钮,选择"程序编辑器"选项,然后单击"模块"按钮,进入模块选择界面后,双击"Module1"选项,可进入该程序模块的程序编辑界面,如图8-24所示。

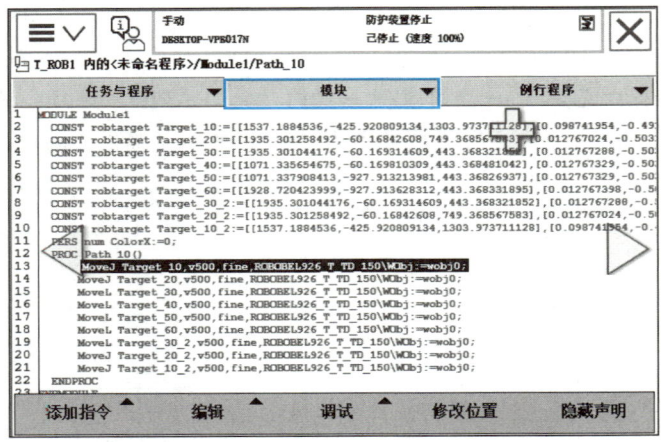

图8-24 进入"Module1"程序模块的程序编辑界面

步骤 4▶ 在该程序模块的程序编辑界面,以"添加指令"的方式,插入颜色可变量和动作指令,如图 8-25 所示。

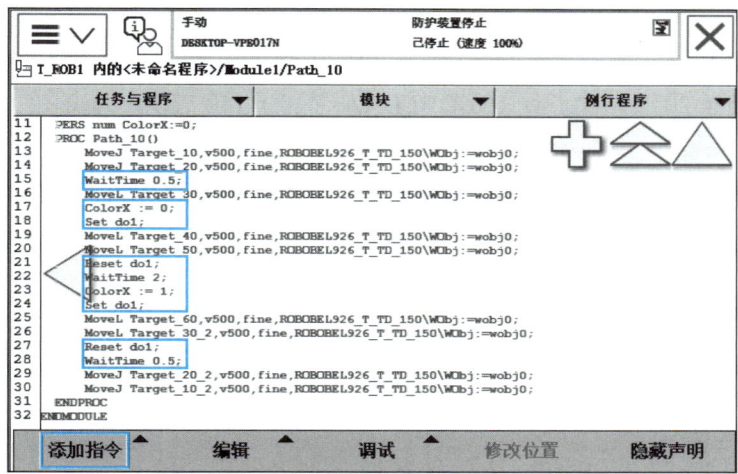

图 8-25　插入颜色可变量和动作指令

自动喷涂程序("Module1"程序模块)如下。

MoveJ Target_10,v500,fine,ROBOBEL926_T_TD_150\WObj:=wobj0;
　　　　　　　! 喷枪关节运动至点 1(起始点)
MoveJ Target_20,v500,fine,ROBOBEL926_T_TD_150\WObj:=wobj0;
　　　　　　　! 喷枪关节运动至点 2(喷涂开始点上方某个固定位置)
WaitTime 0.5;
MoveL Target_30,v500,fine,ROBOBEL926_T_TD_150\WObj:=wobj0;
　　　　　　　! 喷枪线性运动至点 3(喷涂开始点)
ColorX:=0;　　　! 切换至第一种颜色(红色)
Set do1;　　　　! 执行喷涂动作
MoveL Target_40,v500,fine,ROBOBEL926_T_TD_150\WObj:=wobj0;
　　　　　　　! 喷枪线性运动至点 4
MoveL Target_50,v500,fine,ROBOBEL926_T_TD_150\WObj:=wobj0;
　　　　　　　! 喷枪线性运动至点 5
Reset do1;　　　! 停止执行喷涂动作
WaitTime 2;
ColorX:=1;　　　! 切换至第二种颜色(绿色)
Set do1;　　　　! 执行喷涂动作
MoveL Target_60,v500,fine,ROBOBEL926_T_TD_150\WObj:=wobj0;
　　　　　　　! 喷枪线性运动至点 6

```
MoveL Target_30_2,v500,fine,ROBOBEL926_T_TD_150\WObj:=wobj0;
                    ! 喷枪线性运动至点 7
Reset do1;          ! 停止执行喷涂动作
WaitTime 0.5;
MoveJ Target_20_2,v500,fine,ROBOBEL926_T_TD_150\WObj:=wobj0;
                    ! 喷枪关节运动至点 8
MoveJ Target_10_2,v500,fine,ROBOBEL926_T_TD_150\WObj:=wobj0;
                    ! 喷枪关节运动至点 9
```

（二）调试自动喷涂程序

在调试自动喷涂程序之前，需要连接 I/O 信号，确保所有传感器和执行器正确接线，以便程序能够准确接收指令，控制喷枪的精确运行。

1. 连接 I/O 信号

连接 I/O 信号的具体步骤如下。

步骤 1▶ 在"基本"选项卡下的"布局"窗口中，展开"SmartComponent_1"，右击"RapidVariable"。在弹出的快捷菜单中，选择"属性"选项，弹出"属性：RapidVariable"窗口。按照如图 8-26 所示的内容，设定相应的参数。参数设定完毕后，依次单击"应用"→"关闭"按钮。

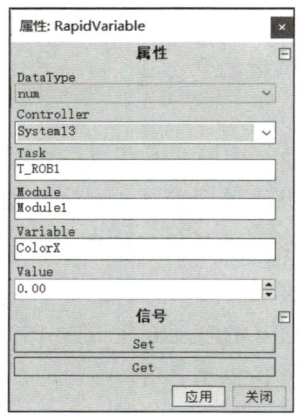

图 8-26 "RapidVariable"参数设定

步骤 2▶ 在"布局"窗口中，右击"SmartComponent_1"，在弹出的快捷菜单中，选择"编辑组件"选项，如图 8-27 所示。在"SmartComponent_1"视图的"信号和连接"选项卡下，选择"添加 I/O Signals"选项。在弹出的"添加 I/O Signals"对话框中，"信号类型"选择为"DigitalInput"，"信号名称"输入"di1"，其他参数保持默认，单击"确定"按钮，如图 8-28 所示。

项目八 编写与调试自动喷涂程序

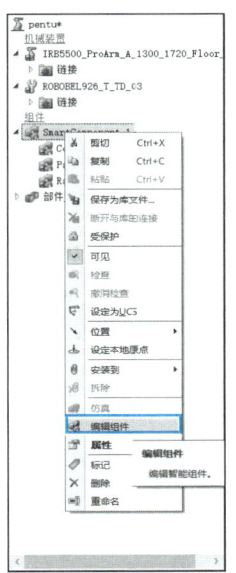

图 8-27 选择"编辑组件"选项

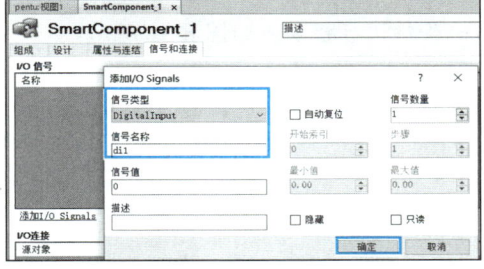

图 8-28 添加数字输入信号

步骤 3▶ 在"SmartComponent_1"视图的"设计"选项卡下,按照如图 8-29 所示的 I/O 信号连接方法,将 Smart 组件按照指定的逻辑顺序连接在一起。

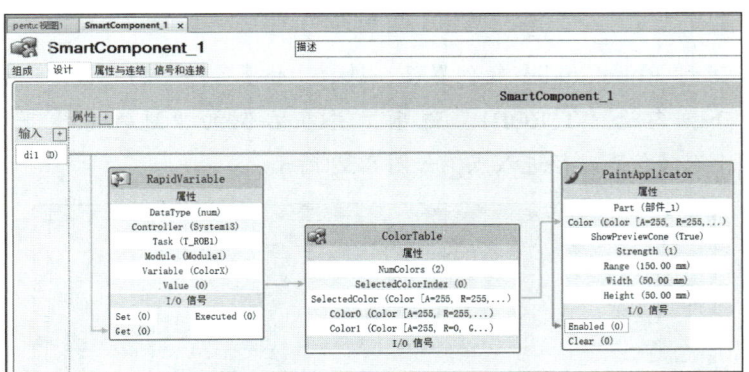

图 8-29 Smart 组件 I/O 信号连接方法

步骤 4▶ 选择"仿真"→"工作站逻辑"选项,进入"工作站逻辑"窗口。在"设计"选项卡中,将"System13"的"I/O 信号"参数选择为"do1",然后按照如图 8-30 所示的方法连接 I/O 信号。

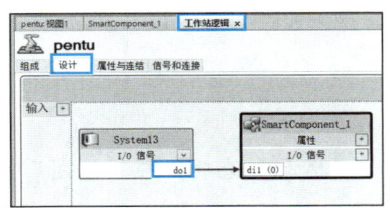

图 8-30 I/O 信号连接方法

155

2. 调试自动喷涂程序并仿真运行

I/O 信号连接完毕后，开始调试自动喷涂程序并仿真运行，具体步骤如下。

步骤 1▶ 在示教器程序编辑界面下，选择"调试"→"检查程序"选项，若弹出的"检查程序"对话框提示"未出现任何错误"，则可单击"确定"按钮；若程序存在问题，则需要详细检查。

步骤 2▶ 确认程序正确后，在示教器程序编辑界面，选择"调试"→"PP 移至例行程序"选项，选择"Path_10"选项，单击"确定"按钮。此时，程序指针指向"Module1"程序模块第一条待执行指令，如图 8-31 所示。

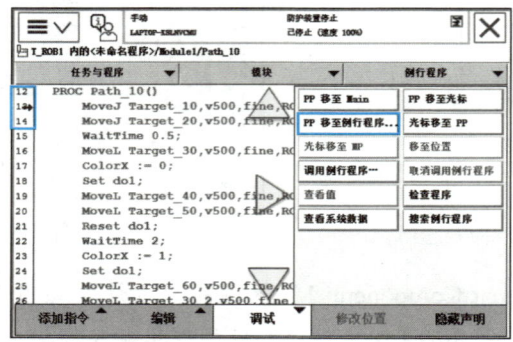

图 8-31 选择"PP 移至例行程序"选项

步骤 3▶ 回到 RobotStudio 软件界面，选择"仿真"→"仿真设定"选项，在"仿真设定"选项卡下，勾选"T_ROB1"选项，并在右侧的"进入点"下拉菜单中选择"Path_10"选项，选择仿真路径进入点，如图 8-32 所示。

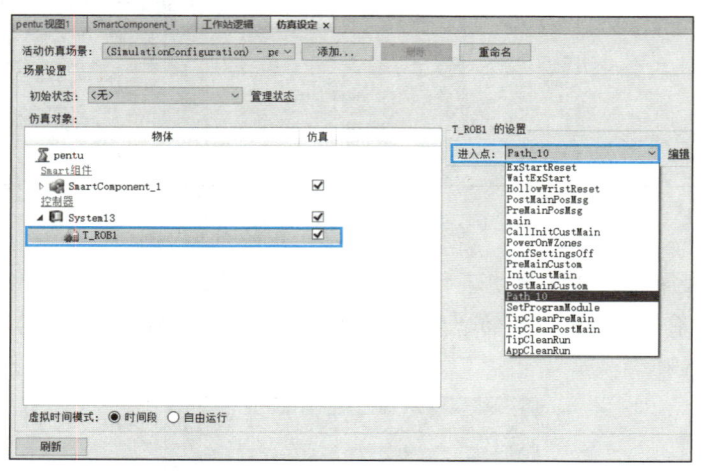

图 8-32 选择仿真路径进入点

步骤 4▶ 选择"仿真"→"播放"选项，在"视图"窗口中，喷涂机器人按照设定的程序自动完成喷涂操作，如图 8-33 所示。

项目八 编写与调试自动喷涂程序

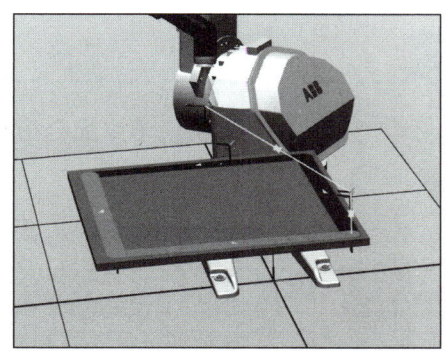

图 8-33 自动喷涂程序仿真

学习效果测评

一、填空题

（1）喷涂机器人具有较大的_____和_____，能够在同一工序实现内表面和外表面的喷涂作业。

（2）喷涂机器人通常采用_____设计，确保在喷涂易燃易爆涂料时的安全性。

（3）按照喷涂方式的不同，喷涂机器人可分为_____和_____两种类型。

二、选择题

（1）在开始喷涂前，工件需要经过（　　）。
　　① 清洗；② 除锈；③ 打磨；④ 烘干
　　A．①②③　　　B．②③④　　　C．①③④　　　D．①②④

（2）若要仿真喷涂颜色，则需要创建（　　）组件。
　　A．Attacher　　　　　　　　　B．PaintApplicator
　　C．RapidVariable　　　　　　 D．ColorTable

（3）若要将颜色切换为设置的第一种颜色，则需要输入的程序语句是（　　）。
　　A．ColorX:=0;　　　　　　　　B．ColorX:=1;
　　C．ColorTable=0;　　　　　　 D．ColorX=1;

三、简答题

（1）喷涂机器人的适应性强，具体表现在哪些方面？

（2）简述喷涂机器人的喷涂工艺流程。

项目总结与反馈

指导教师根据学生的实际学习情况进行评价，学生配合指导教师共同完成如表 8-4 所示的学习成果评价表。

表 8-4 学习成果评价表

班级		组号		日期	
姓名		学号		指导教师	
评价项目	评价内容			满分/分	评分/分
知识（30%）	了解喷涂机器人的特点			15	
	了解喷涂机器人的基本编程思路			15	
技能（50%）	能够搭建喷涂机器人仿真工作站			20	
	能够编写与调试工业机器人自动喷涂程序			30	
素质（20%）	积极参加教学活动，主动学习、思考、讨论			5	
	认真负责，按时完成学习、训练任务			5	
	团结协作，组员之间能够密切配合			5	
	服从指挥，遵守课堂纪律			5	
合计				100	
自我评价					
指导教师评价					

项目九
编写与调试装配程序

项目导读

我们常会在新闻中见到这样的场景：汽车生产线上，车架两边并列的两排装配机器人在马不停蹄地安装汽车零部件，它们动作精准且高效，仿佛在进行一场无声的舞蹈。在这样智能化的汽车生产线上，装配机器人承担了大量重复性高、劳动强度大的工作，操作人员只需要监控装配机器人的运行状态、处理异常情况便可。这样的生产模式极大地提高了生产效率，降低了生产成本。

本项目将先介绍装配机器人的特点和基本编程思路，然后带领大家搭建装配机器人仿真工作站，并完成装配程序的编写与调试。

学习目标

知识目标

◆ 了解装配机器人的特点。
◆ 了解装配机器人的基本编程思路。

技能目标

◆ 能够搭建装配机器人仿真工作站。
◆ 能够编写与调试工业机器人装配程序。

素质目标

◆ 树立技能成才、技能报国的人生理想。
◆ 养成勤学上进、科学严谨的工作作风。

项目九 编写与调试装配程序

项目工单——认识装配机器人

一、思维导图

思维导图（见图9-1）可清晰地描绘出本项目需要学习的要点。请学生根据思维导图预习相关知识，以便更有针对性地学习。

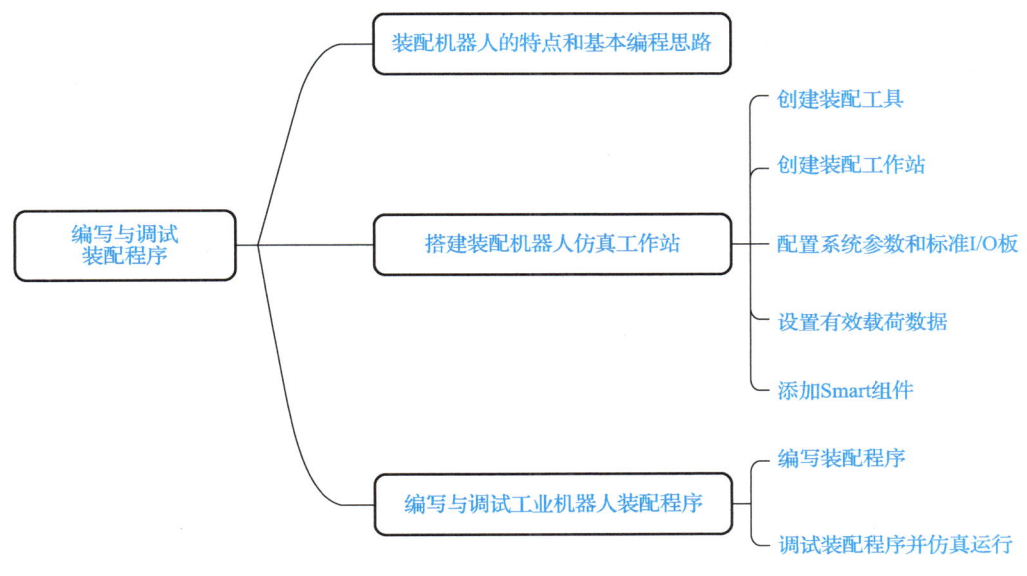

图 9-1 思维导图

二、小组分工

以 3～5 人为一组，选出组长并进行小组分工，将小组概况及分工填入表 9-1 中。

表 9-1 小组概况及分工

班级		组号		指导教师	
小组成员	姓名	学号	小组分工		
组长					
组员					

161

三、制订计划

根据小组分工，查阅相关资料，了解装配机器人的特点及基本编程思路，对装配机器人进行初步认识，然后制订工作计划，并将其填入表9-2中。

表9-2　工作计划

步骤	工作内容	负责人

四、成长记录

学习本项目后，学生可以通过截图、录视频、保存系统文件的方式记录自己的项目实施成果。在表9-3中，可以展示自己的项目实施成果，也可以将项目实施过程中遗漏的要点、遇到的问题和解决方法记录下来。

表9-3　成长记录表

（可以将项目实施成果展示在此处；也可以在此处记录项目实施过程中遗漏的要点、遇到的问题和解决方法等）

项目九 编写与调试装配程序

知识准备

一、装配机器人的特点

装配机器人在现代制造业中扮演着至关重要的角色，它们能够高效、精确地执行各种装配任务，提高生产效率和产品质量。装配机器人的主要特点如下。

（1）精度高。装配机器人通过精密的机械结构和先进的控制系统，能够实现高精度的定位，确保重复执行同一任务时的精度，保证了产品质量的一致性和稳定性。

（2）生产效率高。与人类相比，装配机器人可以持续工作，能大幅提高生产效率。

（3）可编程性与灵活性好。装配机器人配有易于编程的控制系统，允许操作人员根据产品变化快速调整作业程序。同时，通过更换末端执行器或调整作业程序，装配机器人能够适应不同产品的装配需求，增加生产线的灵活性。

（4）安全性高。装配机器人可以在危险或对人体有害的环境（如有毒、高温或高压环境）中作业，以保障操作人员的安全。并且，通过内置的传感器和使能器按钮，装配机器人能在异常情况下立即停止工作，防止事故发生。

（5）具有多轴协同作业能力。装配机器人具有多个自由度，能够灵活进行各种复杂的三维空间操作。由多台装配机器人组成的多机器人系统可以协同作业，完成更大规模或更精细的装配任务。

（6）具有数据收集与分析能力。装配机器人易与现代生产线集成，支持多种通信协议，能够协助生产管理系统进行生产数据（如装配节拍、异常记录等）的实时收集，为优化生产提供数据支持。操作人员可通过这些数据，分析、预测潜在故障，提前采取措施，减少停机时间。

（7）节省空间与成本。装配机器人可以采用多种安装方式（如倒吊、侧挂等）综合利用空间，以此替代多个工人岗位。虽然装配机器人的初期投资较高，但从长期来看，采用装配机器人进行生产可以显著降低劳动力成本，提高整体经济效益。

二、装配机器人的基本编程思路

本项目工业机器人的本体型号选用软件模型库中的"IRB 120"，项目主要任务是使用吸盘依次将如图9-2所示的方块、圆块和三角块三种装配工件放进盒子中，然后将盖子盖在盒子上。

本项目的主要工作包括搭建装配机器人仿真工作站、编写与调试工业机器人装配程序。其中，搭建装配机器人仿真工作站的难点在于传感器Smart组件的设置，编写与调试装配程序的难点在于装配机器人运动轨迹上各程序点位置的示教。

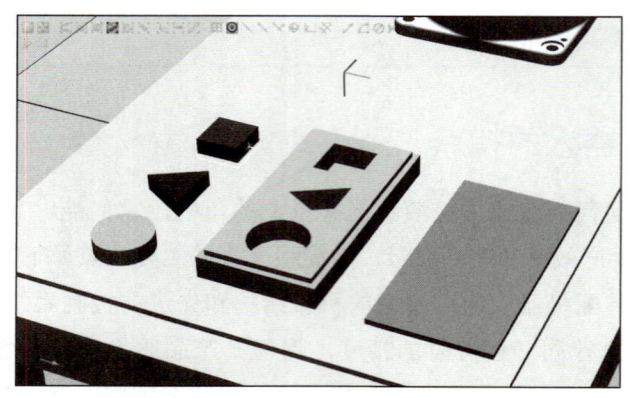

图 9-2 装配工件

装配机器人运动轨迹上各程序点的位置数据如表 9-4 所示。

表 9-4 装配机器人运动轨迹上各程序点的位置数据

序号	数据名称	说明	备注
1	Phome	装配机器人机械原点	需要示教
2	Pzhuafangkuai	方块在起始位置时的上表面中心点	需要示教
3	Pfangfangkuai	方块在装配位置时的上表面中心点	需要示教
4	Pzhuayuan	圆块在起始位置时的上表面中心点	需要示教
5	Pfangyuan	圆块在装配位置时的上表面中心点	需要示教
6	Pzhuasanjiao	三角块在起始位置时的上表面中心点	需要示教
7	Pfangsanjiao	三角块在装配位置时的上表面中心点	需要示教
8	Pzhuagai	盖子在起始位置时的上表面中心点	需要示教
9	Pfanggai	盖子在装配位置时的上表面中心点	需要示教

装配机器人的装配任务可以理解为用搬运机器人分别执行不同的搬运任务,再将这些搬运任务整合在一起,成为一个装配任务。装配机器人的基本编程思路如图 9-3 所示。

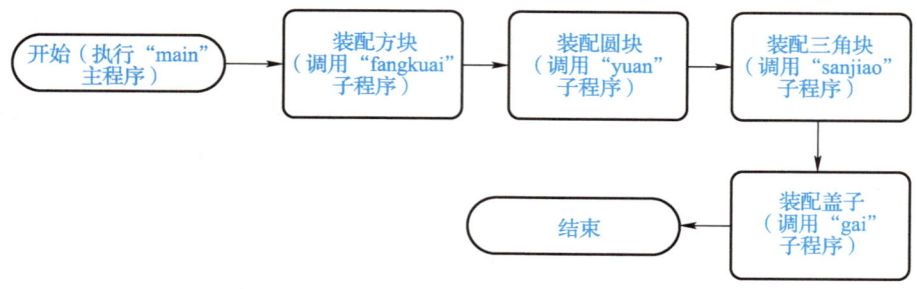

图 9-3 装配机器人的基本编程思路

项目九 编写与调试装配程序

砥节砺行

陈伟："治"好了工业机器人的"帕金森病"

刚从北京捧回全国五一劳动奖章，陈伟又马不停蹄地投入工作中。陈伟从事电机控制技术研究已有16年，他不只是一名工程师，还是一名工业机器人"医生"。

工业机器人被誉为"制造业皇冠顶端的明珠"，是衡量一个国家科技创新和高端制造业水平的重要标志。然而，当工业机器人运行速度加快时，平稳性会变差，进而出现抖动现象，类似人类的"帕金森病"。

人类的"帕金森病"是医学界难题，而工业机器人的"帕金森病"是工业界的难题。为了攻克这个难题，陈伟白天泡实验室，晚上整理数据、查阅文献，从机械原理，到数学建模，再到控制理论、算法设计，电脑24 h不离身。通过由点到面，再由面到点地反复推演，陈伟终于找到机械振动与驱动控制之间的关系，治好了工业机器人的"帕金森病"，使工业机器人的各项性能指标得到大幅提升。

现在，陈伟成立了"陈伟创新工作室"，承担着公司的重要研发项目，获得国家授权发明专利32项，先后攻克了变频器和伺服控制中十多项关键技术。

怀揣平凡之心，探索细节背后的原理，永不言弃，方出匠品，这是陈伟对工匠精神的理解。陈伟和他的团队始终以"匠人"的态度去做每件事，紧跟时代、勇于创新、务求实效，让工业机器人产业成为"上海制造"的一张亮丽名片。

（资料来源：林馥榆，《陈伟："治"好了机器人的"帕金森病"》，央广网，2024年5月3日）

项目实施

一、搭建装配机器人仿真工作站

装配机器人仿真工作站的搭建主要包括创建装配工具、创建装配工作站、配置系统参数和标准I/O板、设置有效载荷数据、添加Smart组件。

（一）创建装配工具

本项目实施的装配工具为吸盘，创建装配工具的具体操作步骤如下。

步骤1▶ 打开RobotStudio软件，创建一个"空工作站"。在"基本"选项卡中，选择"导入几何体"→"浏览几何体"选项，弹出"浏览几何体"窗口。找到并打开名称为"Gripper.STEP"的文件。

步骤 2 ▶ 在"布局"窗口中，右击"Gripper"，在弹出的快捷菜单中，选择"位置"→"放置"→"三点法"选项，如图 9-4 所示。

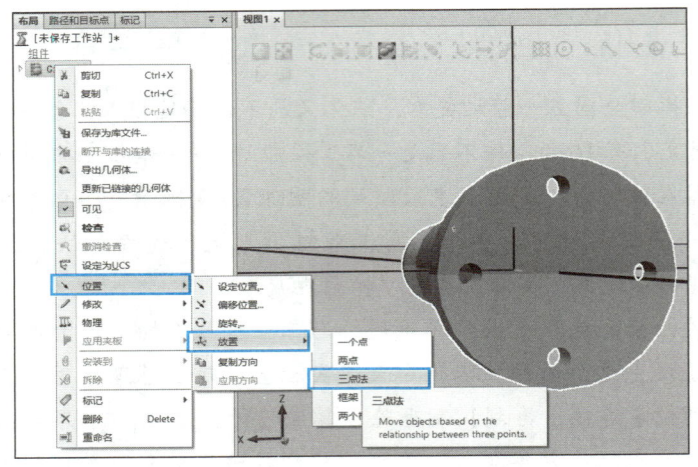

创建装配工具

图 9-4 选择"三点法"选项

步骤 3 ▶ 在弹出的"放置对象：Gripper"窗口中，调整工具的位姿，如图 9-5（a）所示。在"视图"窗口上方工具栏中，打开"选择表面""捕捉中心"功能，捕捉法兰中心点作为"主点-从（mm）"的位置参数；捕捉左侧安装孔中心点作为"X 轴上的点-从（mm）"的位置参数；捕捉上方安装孔中心点作为"Y 轴上的点-从（mm）"的位置参数；"主点-到（mm）"的位置参数设定为"0、0、0"；"X 轴上的点-到（mm）"的位置参数设定为"100、0、0"；"Y 轴上的点-到（mm）"的位置参数设定为"0、100、0"。单击"应用"按钮，调整后的工具位姿如图 9-5（b）所示。

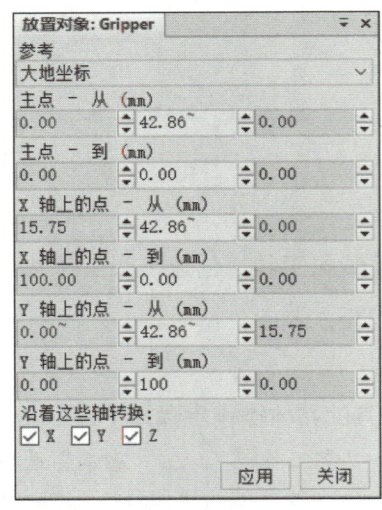

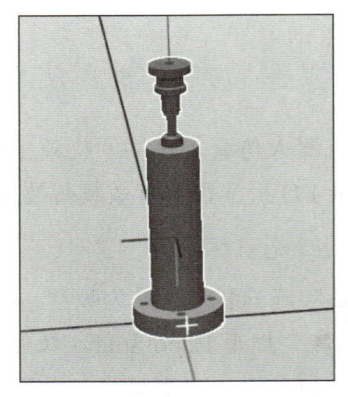

（a）参数设定　　　　　　　　　　（b）调整后的工具位姿

图 9-5 调整工具的位姿

步骤4▶ 在"布局"窗口中,右击"Gripper",在弹出的快捷菜单中,选择"修改"→"设定本地原点"选项,打开"设置本地原点:Gripper"窗口。捕捉法兰盘背面中心点作为"位置 X、Y、Z(mm)"的位置参数;"方向(deg)"参数设定为"0、0、0",即保持现有的方向。单击"应用"按钮,如图9-6所示。

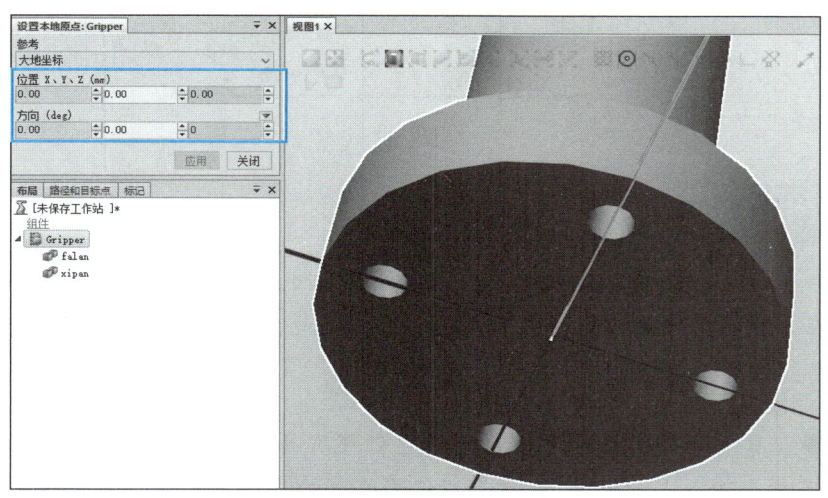

图 9-6　设置本地原点

步骤5▶ 在"建模"选项卡中,选择"框架"→"创建框架"选项,弹出"创建框架"窗口。捕捉吸盘端面中心点作为"框架位置(mm)"的位置参数,即框架的原点;"框架方向(deg)"参数设定为"0、0、0"。单击"创建"按钮,如图9-7所示。

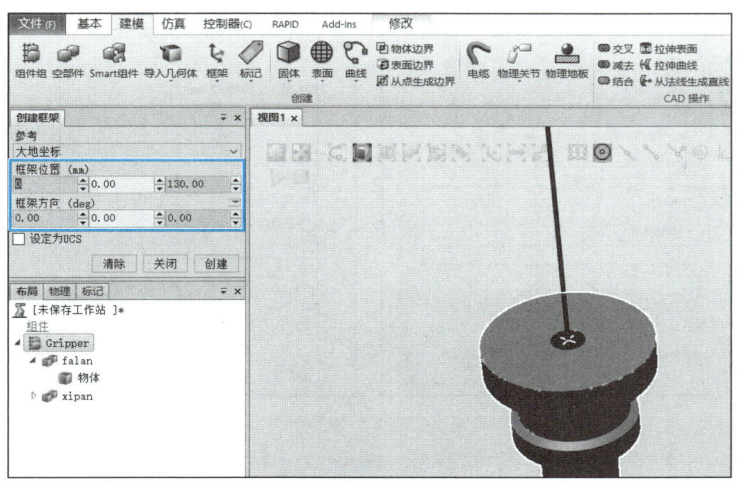

图 9-7　创建框架

步骤6▶ 在"布局"窗口中,右击"框架_1",在弹出的快捷菜单中,选择"偏移位置"选项,弹出"偏移位置:框架_1"窗口。将"Translation(mm)"Z 轴(第三栏)的参数设定为"−5"(见图9-8),其他参数保持默认,单击"应用"按钮。

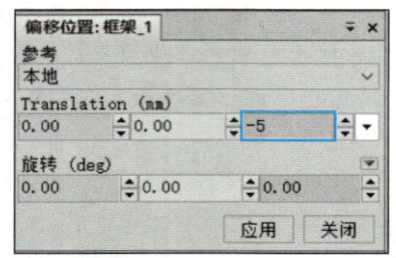

图 9-8 "偏移位置：框架_1"参数设定

知识链接

吸盘具有一定的弹性，其在使用过程中可压紧防止漏气。吸盘工作时表面的实际位置与其在自然状态下的位置存在一定的差异。因此，创建的框架应沿着 Z 轴负向移动一定距离，以符合实际工作状态。

步骤 7 在"建模"选项卡中，选择"创建工具"选项，弹出"创建工具"对话框。"Tool 名称"输入"Gripper"，选择"使用已有的部件"选项，其他参数保持默认，单击"下一个"按钮，如图 9-9（a）所示。

步骤 8 在"数值来自目标点/框架"下拉菜单中，选择"框架_1"，然后单击右侧的导向按钮，将 TCP 添加到右侧的"TCP（s）"窗口，单击"完成"按钮，如图 9-9（b）所示。

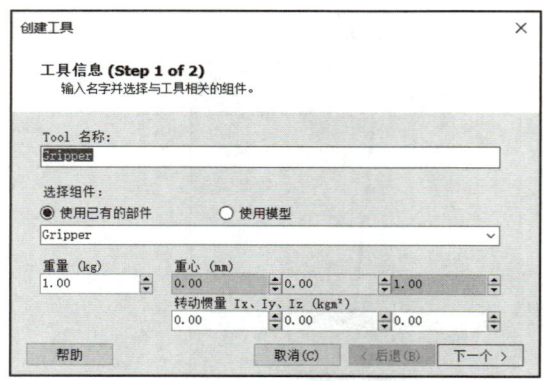
（a）

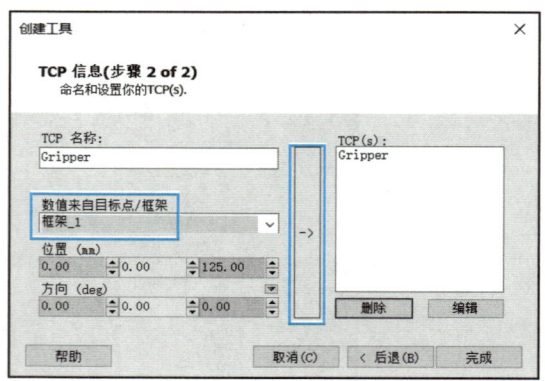
（b）

图 9-9 创建工具

步骤 9 选择"基本"→"ABB 模型库"→"IRB 120"选项。在弹出的"IRB 120"对话框中，各参数保持默认，单击"确定"按钮，导入 ABB 工业机器人 IRB 120。将前面创建好的工具安装到工业机器人上，以验证工具的参数设定是否正确，如图 9-10 所示。

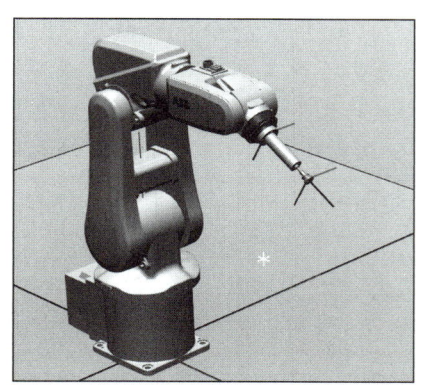

图 9-10 验证工具的参数设定是否正确

（二）创建装配工作站

创建装配工作站的具体操作步骤如下。

步骤 1 ▶ 在"基本"选项卡中，选择"导入几何体"→"浏览几何体"选项，弹出"浏览几何体"对话框。找到并打开名称为"ASM.stp"的文件，导入工作台。

创建装配工作站

> **小提示**
>
> 由于工作台导入后位姿不正确，因此需要进行位姿调整。位姿调整的最终目标是将工业机器人安装到工作台的合适位置，使工业机器人的工作范围覆盖工作台桌面上的全部装配工件。

步骤 2 ▶ 在"布局"窗口中，右击"ASM"，在弹出的快捷菜单中，选择"位置"→"旋转"选项，弹出"旋转：ASM"窗口。将"旋转（deg）"参数设定为"180"，选择"Y"选项，即绕 Y 轴旋转 180°，如图 9-11 所示。单击"应用"按钮，完成工作台第一次位姿调整，如图 9-12 所示。此时，工作台支承不在地面，因此需要再次调整。

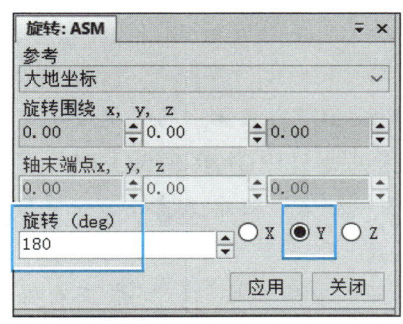

图 9-11 "旋转：ASM"参数设定

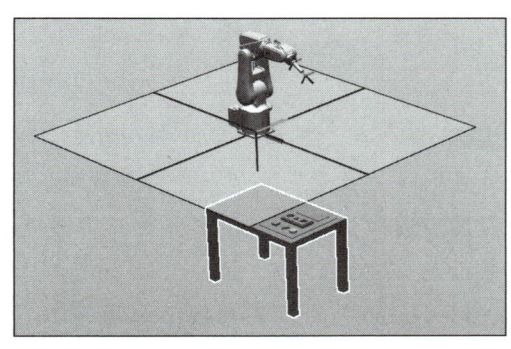

图 9-12 工作台第一次位姿调整

步骤3▶ 在"布局"窗口中，右击"ASM"，在弹出的快捷菜单中，选择"位置"→"放置"→"一个点"选项，弹出"放置对象：ASM"窗口。在"视图"窗口上方工具栏中，打开"选择表面""捕捉对象"功能，捕捉工作台支承底面任意一点作为"主点-从（mm）"的位置参数，其他参数保持默认，如图9-13所示。单击"应用"按钮，完成工作台第二次位姿调整，如图9-14所示。此时，工作台置于地面。

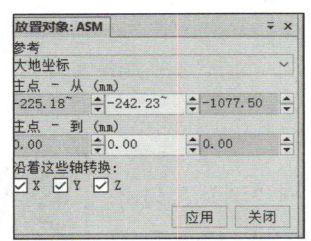

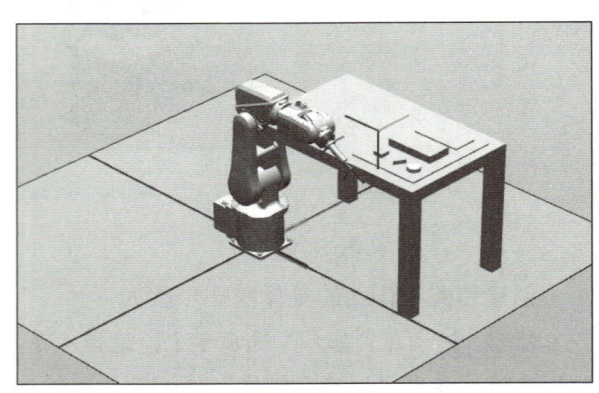

图9-13　"放置对象：ASM"参数设定　　　　图9-14　工作台第二次位姿调整

步骤4▶ 在"布局"窗口中，选择"ASM"选项，使用"Freehand"面板中的"移动"工具，将工作台移动至合适位置，完成工作台第三次位姿调整，如图9-15所示。

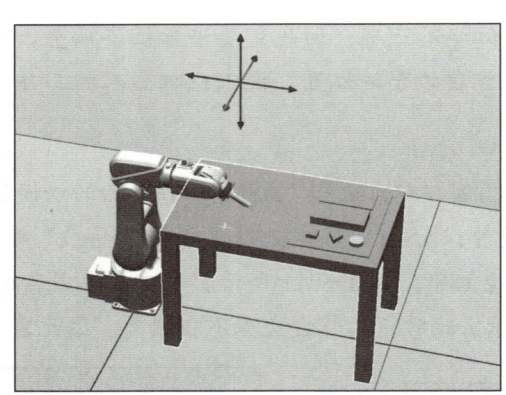

图9-15　工作台第三次位姿调整

步骤5▶ 在"布局"窗口中，右击"IRB120_3_58__01"，在弹出的快捷菜单中，选择"位置"→"放置"→"一个点"选项，弹出"放置对象：IRB120_3_58__01"窗口。在"视图"窗口上方工具栏中，打开"选择表面""捕捉对象"功能，捕捉工业机器人底部安装面尾部中点作为"主点-从（mm）"的位置参数，捕捉工作台台面边缘中点作为"主点-到（mm）"的位置参数，如图9-16所示。单击"应用"按钮，完成工业机器人安装位置调整，此时工业机器人置于工作台表面，如图9-17所示。

项目九　编写与调试装配程序

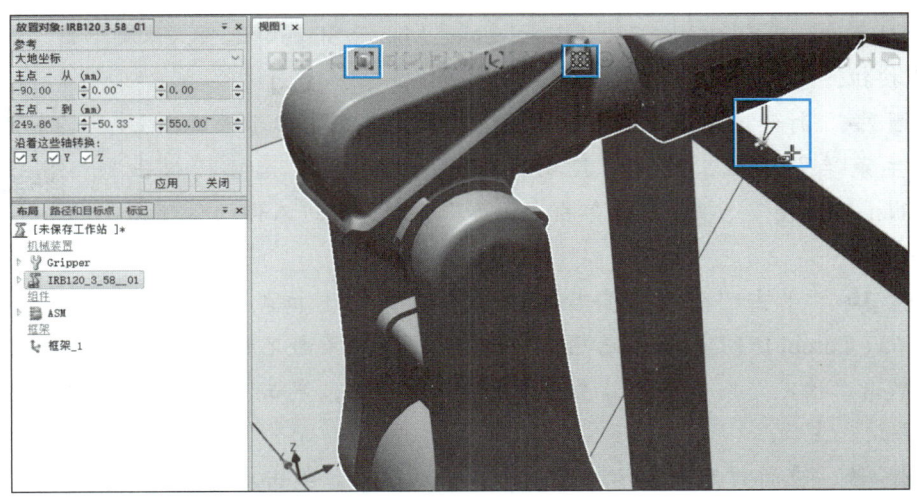

图9-16　"放置对象：IRB120_3_58__01"参数设定

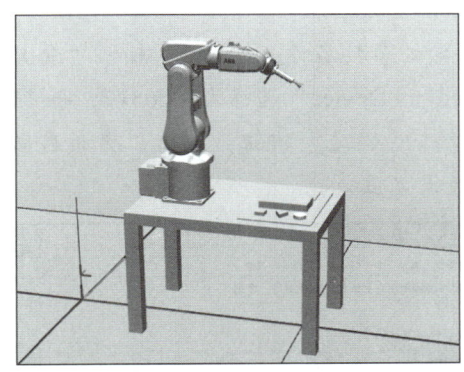

图9-17　工业机器人安装位置调整

步骤6▶ 在"布局"窗口中，右击"IRB120_3_58__01"，在弹出的快捷菜单中，选择"位置"→"偏移位置"选项，弹出"偏移位置：IRB120_3_58__01"窗口。将"Translation（mm）"X轴（第一栏）的参数设定为"100"，其他参数保持默认，单击"应用"→"关闭"按钮。

步骤7▶ 在"布局"窗口中，右击"IRB120_3_58__01"，在弹出的快捷菜单中，选择"显示机器人工作区域"，弹出"工作空间：IRB120_3_58__01"窗口。选择"当前工具"选项，查看工业机器人的工作范围，检查安装位置是否合适。

（三）配置系统参数和标准I/O板

配置系统参数和标准I/O板的具体步骤如下。

步骤1▶ 选择"基本"→"机器人系统"→"从布局"选项，创建工业机器人系统。创建时，在"从布局创建系统"对话框的"系统选项"界面单击"选项"按钮，弹出"更改选项"对话框，选择"Default Language"中的"Chinese"选项，然后选择

"Industrial Networks"中的"709-1 DeviceNet Master/Slave"选项,依次单击"确定"→"完成"按钮,完成设定。

配置系统参数和标准I/O板

步骤2▶ 打开虚拟示教器,选择手动模式。单击虚拟示教器左上角的"主菜单"按钮,选择"控制面板"→"配置"选项,双击"DeviceNet Device"选项,然后单击"添加"按钮,可进入详细参数的设定界面。

步骤3▶ 单击"使用来自模板的值"右侧的下拉菜单,选择"DSQC 651 Combi I/O Device"选项。双击需要设定的参数名称,将"Address"值设定为"10",单击"确定"按钮,弹出"重新启动"对话框,单击"是"按钮,关闭虚拟示教器,参数设定生效。

步骤4▶ 重新打开虚拟示教器,选择手动模式。单击虚拟示教器左上角的"主菜单"按钮,选择"控制面板"→"配置"→"Signal"选项,单击"添加"按钮,可进入详细参数的设定界面。

步骤5▶ 双击需要设定的参数名称,"Name"输入"do0";"Type of Signal"选择为"Digital Output";"Assigned to Device"选择为"d651";将"Device Mapping"值设定为"32",如图9-18所示。单击"确定"按钮,弹出"重新启动"对话框,单击"是"按钮,关闭虚拟示教器,参数设定生效。

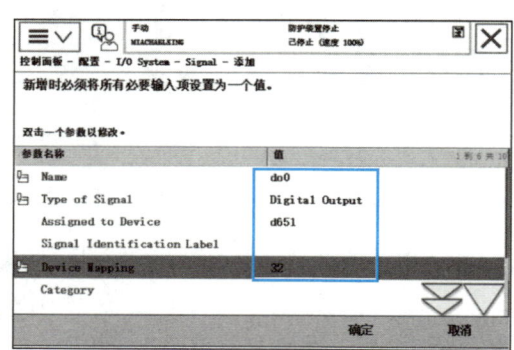

图9-18 添加数字输出信号

(四)设置有效载荷数据

有效载荷数据包括工件的质量、重心位置等信息,装配机器人可根据这些信息调整运动控制和动力分配,从而避免过载运行或异常运动。设置有效载荷数据的步骤如下。

步骤1▶ 选择"基本"→"同步"→"同步到RAPID"选项,在弹出的"同步到RAPID"对话框中勾选"同步"下方所有选项,单击"确定"按钮。

步骤2▶ 打开虚拟示教器,选择手动模式。单击虚拟示教器左上角的"主菜单"按钮,选择"程序数据"选项,进入数据类型选择界面,如图9-19所示。双击"loaddata",进入程序数据选择界面。单击"新建"按钮,分别创建名称为"loadfangkuai""loadsanjiao" "loadyuan""loadgai"的有效载荷数据，数据的其他参数先保持默认，如图9-20所示。

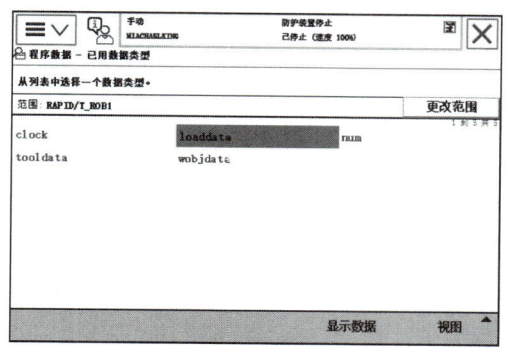

图9-19 数据类型选择界面

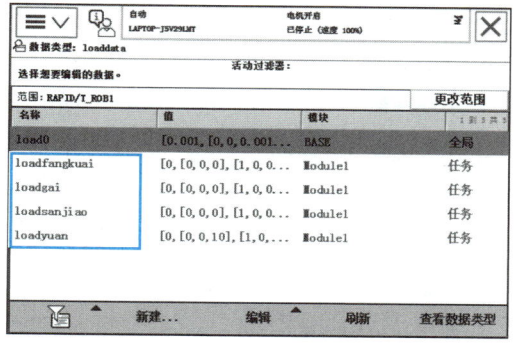

图9-20 创建4个有效载荷数据

步骤3▶ 选择"loadfangkuai"选项，单击"编辑"按钮，选择"更改值"选项，将"mass"值设定为"0.1"，将"cog"下方的"z:="值设定为"10"，单击"确定"按钮，如图9-21所示。

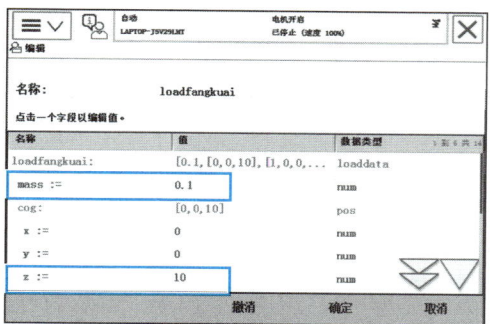

图9-21 设定"mass""z:="的值

步骤4▶ 按照步骤3的操作，分别将"loadsanjiao""loadyuan"两个数据设定为与"loadfangkuai"相同的值。将"loadgai"数据的"mass"值设定为"0.3"，将"cog"下方的"z:="值设定为"5"。至此，4个有效载荷数据设置完成，如图9-22所示。

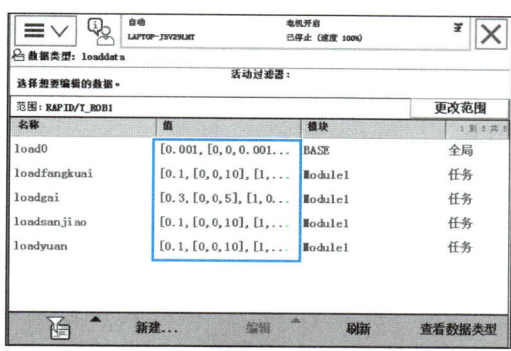

图9-22 4个有效载荷数据设置完成

（五）添加 Smart 组件

装配机器人仿真工作站需要添加的 Smart 组件主要有"Attacher""Detacher""LogicGate"和"LineSensor"，具体步骤如下。

添加 Smart 组件

步骤 1 选择"建模"→"Smart 组件"选项，添加一个 Smart 组件"SmartComponent_1"，将其重命名为"SC_装配工具"。在"SC_装配工具"窗口的"组成"选项卡中，依次添加"Attacher""Detacher""LogicGate""LineSensor"4 个子对象组件，如图 9-23 所示。

步骤 2 在"SC_装配工具"窗口的"组成"选项卡中，单击"Attacher"选项，弹出"属性：Attacher"窗口。在"Parent"的下拉菜单中，选择"SC_装配工具"，如图 9-24 所示。

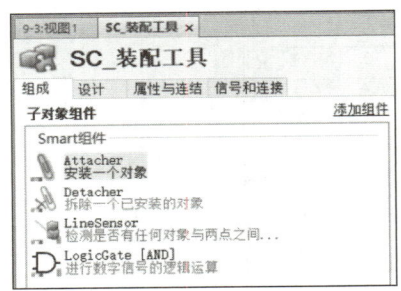

图 9-23　添加 4 个子对象组件

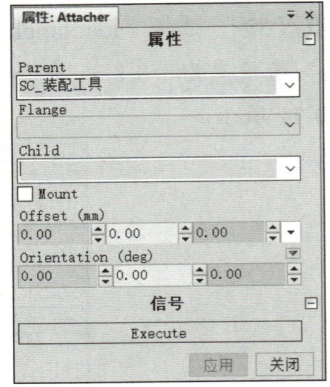

图 9-24　"属性：Attacher"参数设定

步骤 3 在"SC_装配工具"窗口的"组成"选项卡中，单击"LogicGate[AND]"选项，弹出"属性：LogicGate[AND]"窗口，在"Operator"的下拉菜单中，选择"NOT"选项，单击"关闭"按钮。

步骤 4 在"布局"窗口中，右击"IRB120_3_58__01"，在弹出的快捷菜单中，选择"回到机械原点"。同样，在"布局"窗口中，右击"IRB120_3_58__01"，在弹出的快捷菜单中，选择"机械装置手动关节"选项，弹出"手动关节运动：IRB120_3_58__01"窗口。将步距"Step"的参数设定为"10"，将工业机器人第五轴角度参数设定为"90.00"，如图 9-25（a）所示。所有参数设定完毕后，关闭该窗口，调整后的位姿如图 9-25（b）所示。

步骤 5 在"布局"窗口中，右击"LineSensor"，在弹出的快捷菜单中，选择"属性"选项，弹出"属性：LineSensor"窗口。在"视图"窗口上方工具栏中，打开"选择表面""捕捉中心"功能，捕捉两次吸盘端面中心点作为"Start（mm）""End（mm）"的位置参数。设定"Start（mm）"Z 轴的参数，在原数据的基础上减"5"；设定"End（mm）"Z 轴的参数，在原数据的基础上加"10"；设定半径"Radius（mm）"的参数为"3"。参数设定完毕后，单击"应用"按钮，如图 9-26 所示。

项目九　编写与调试装配程序

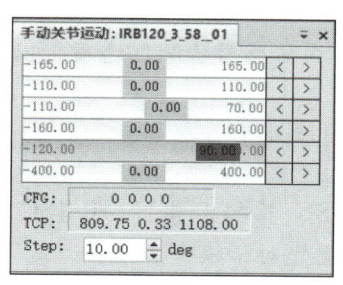
（a）参数设定

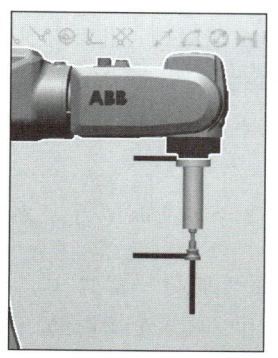
（b）调整后的位姿

图 9-25　工业机器人手动关节运动

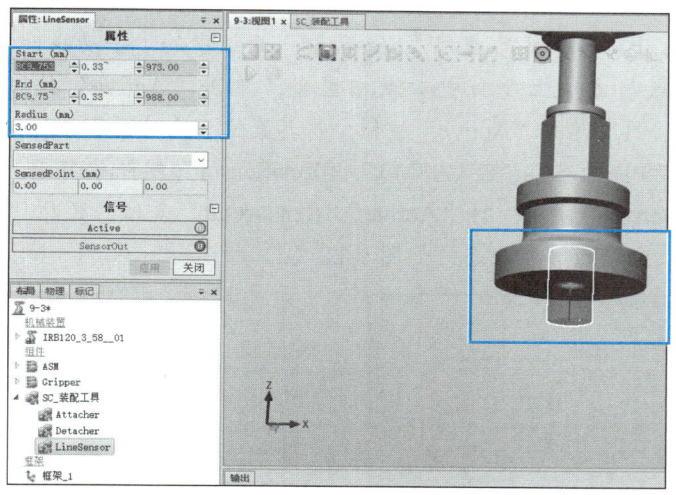

图 9-26　"属性：LineSensor"参数设定

步骤 6▶ 在"布局"窗口中，选中"Gripper"，按住鼠标左键，将"Gripper"拖入"SC_装配工具"中。在"SC_装配工具"窗口的"组成"选项卡中，右击"Gripper"，在弹出的快捷菜单中，选择"设定为 Role"选项。

步骤 7▶ 在"布局"窗口中，展开"SC_装配工具"，右击"Gripper"，在弹出的快捷菜单中，取消勾选"可由传感器检测"选项，如图 9-27 所示。

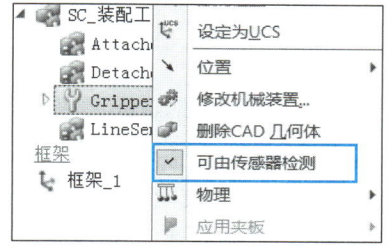

图 9-27　取消勾选"可由传感器检测"选项

175

> **小提示**
>
> （1）部分工件及设备需要取消勾选"可由传感器检测"选项，以避免发生抓取识别错误。
>
> （2）传感器尺寸应选取适当，若传感器全部埋入目标对象，则会导致抓取失败。

步骤 8▶ 在"布局"窗口中，选中"SC_装配工具"，将"SC_装配工具"拖入"IRB120_3_58__01"中。在弹出的"更新位置"对话框中，单击"是"按钮，然后在弹出"Tooldata 已存在"对话框，单击"是"按钮。

步骤 9▶ 激活"LineSensor"组件。"属性：LineSensor"窗口中的信号"Active"默认为置位，如图 9-28（a）所示。确认"视图"窗口上方工具栏中的"选择表面""捕捉中心"功能是打开状态，然后使用"Freehand"面板中的"手动线性"工具移动吸盘，令吸盘端面中心点与方块上表面中心点相重合，单击"Active"按钮，将其复位，如图 9-28（b）所示。再次单击"Active"按钮，将其置位，此时信号"SensorOut"一同置位，"SensedPart"显示方块的名称"S（ASM）"，"LineSensor"组件被激活，如图 9-28（c）所示。最后单击"Active"按钮，将"Active""SensorOut"复位，还原"LineSensor"组件在吸盘处于初始位置时的信号状态，如图 9-28（d）所示。

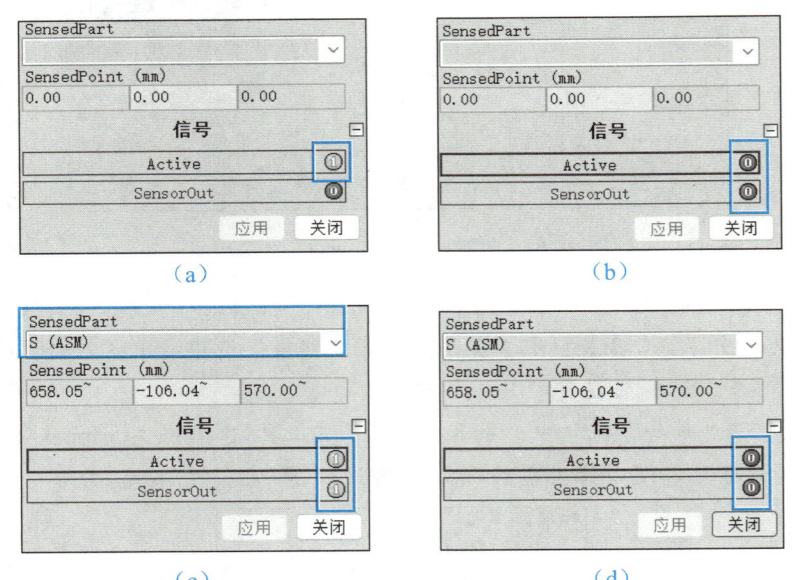

图 9-28 激活"LineSensor"组件

步骤 10▶ 激活"LineSensor"组件后，方块被吸附到吸盘上，会随吸盘一同移动。因此，需要在"布局"窗口中，展开"SC_装配工具"，右击"<S>"，在弹出的快捷菜单中，选择"删除"选项，在弹出的"更新位置"对话框中，单击"是"按钮，即可恢复方块的位置，如图 9-29 所示。

 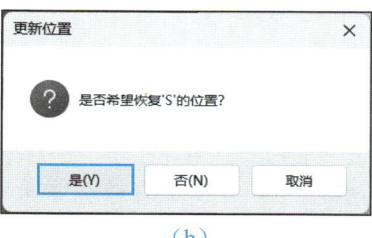

(a) (b)

图 9-29　恢复方块的位置

步骤 11▶　在"SC_装配工具"窗口的"设计"选项卡中，选择"输入 +"选项。在弹出的"添加 I/O Signals"对话框中，"信号类型"选择为"DigitalInput"，"信号名称"输入"di0"，其他参数保持默认，单击"确定"按钮。按照如图 9-30 所示的 I/O 信号连接方法，将 Smart 组件按照指定的逻辑顺序连接在一起。

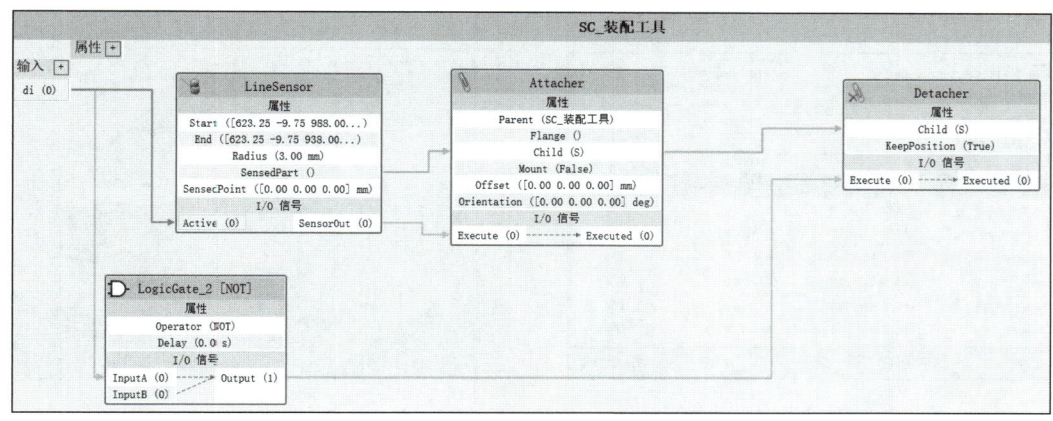

图 9-30　Smart 组件 I/O 信号连接方法

步骤 12▶　选择"仿真"→"工作站逻辑"→"设计"选项。在"设计"选项卡中，将"System4"的"I/O 信号"选择为"do0"。将"System4"与"SC_装配工具"按照如图 9-31 所示的方法进行连接。

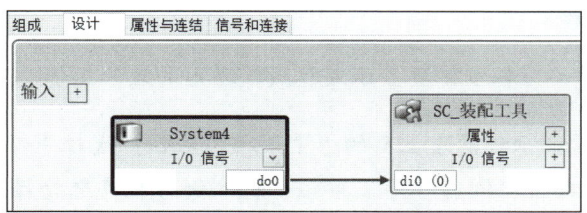

图 9-31　I/O 信号连接方法

二、编写与调试工业机器人装配程序

（一）编写装配程序

在编写装配程序之前，需要定义吸附、释放各形状工件的运动轨迹目标点，并设置一个系统起始点（即机械原点），这些程序点需要通过示教的方式载入工业机器人系统，以方便后面装配程序的编写。编写装配程序的步骤如下。

步骤1▶ 单击虚拟示教器左上角的"主菜单"按钮，选择"程序数据"选项，进入数据类型选择界面。选择"视图"→"全部数据类型"选项，找到并双击"robtarget"，进入程序数据选择界面。单击"新建"按钮，分别创建名称为"Phome""Pzhuafangkuai""Pfangfangkuai""Pzhuayuan""Pfangyuan""Pzhuasanjiao""Pfangsanjiao""Pzhuagai""Pfanggai"的程序点数据，如图9-32所示。

创建程序点位置数据

步骤2▶ 确认"视图"窗口上方工具栏中的"选择表面""捕捉中心"功能是打开状态，然后使用"Freehand"面板中的"手动线性"工具移动吸盘，令吸盘端面中心点与各工件上表面中心点相重合，如图9-33所示。

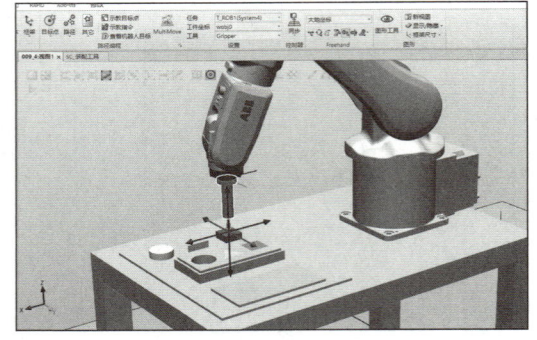

图9-32　创建程序点数据　　　　图9-33　移动工具至各工件上表面中心点

步骤3▶ 在虚拟示教器的程序数据选择界面，选择对应的程序点位置数据，单击"编辑"按钮，选择"修改位置"选项，在弹出的"确认修改位置"对话框中单击"修改"按钮。依次修改各程序点的位置数据。

> **小提示**
>
> 修改位置数据时，可根据需要显示或隐藏辅助用的装配工件。

步骤4▶ 单击虚拟示教器左上角的"主菜单"按钮，选择"程序编辑器"选项，进入主程序编辑界面。单击"例行程序"按钮，进入例行程序选择界面。单击"文件"按钮，选择"新建例行程序"选项，分别创建名称为"fangkuai""yuan""sanjiao""gai"的子程序，如图9-34所示。

项目九 编写与调试装配程序

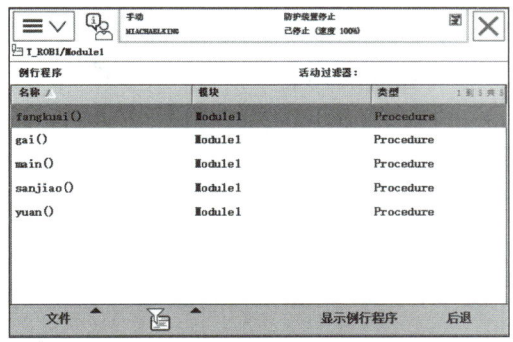

编写装配程序

图 9-34 创建子程序

步骤 5▶ 在例行程序选择界面，可双击程序名称，进入该程序的编辑界面。分别完成"fangkuai""yuan""sanjiao""gai"4 个子程序的编写，如图 9-35 所示。

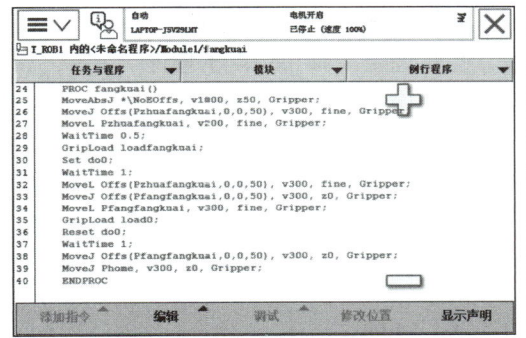
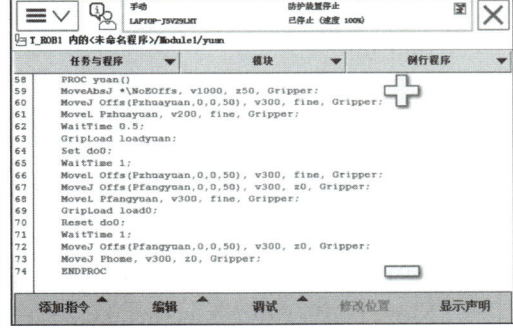

（a）"fangkuai"子程序　　　　　　　　（b）"yuan"子程序

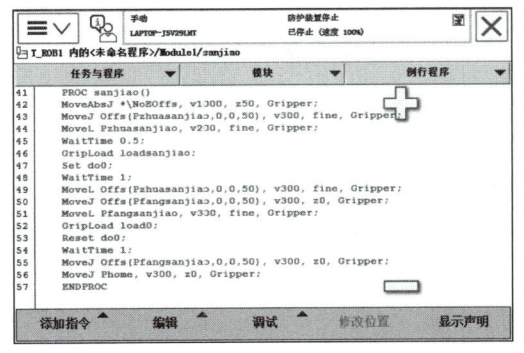
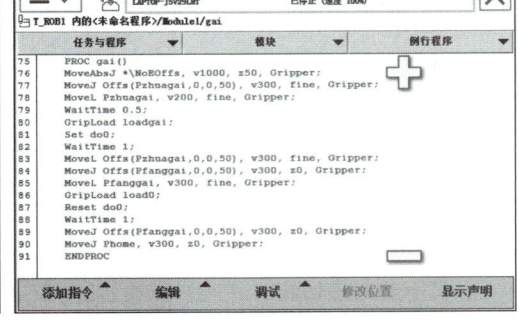

（c）"sanjiao"子程序　　　　　　　　（d）"gai"子程序

图 9-35　4 个子程序的编写

步骤 6▶ 在例行程序选择界面，双击"main"选项，进入主程序编辑界面。使用 ProcCall 指令，依次调用"fangkuai""yuan""sanjiao""gai"4 个子程序，如图 9-36 所示。

179

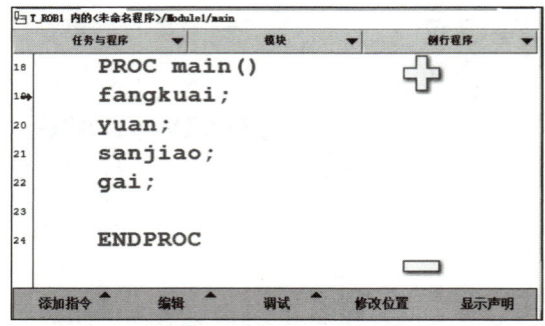

图 9-36 主程序编辑界面

装配程序如下。

```
PROC main()
    fangkuai;                              !调用"fangkuai"子程序
    yuan;                                  !调用"yuan"子程序
    sanjiao;                               !调用"sanjiao"子程序
    gai;                                   !调用"gai"子程序
ENDPROC

PROC fangkuai()
    MoveAbsJ *\NoEOffs,v1000,z50,Gripper;
    MoveJ Offs(Pzhuafangkuai,0,0,50),v300,fine,Gripper;
    MoveL Pzhuafangkuai,v200,fine,Gripper;
    WaitTime 0.5;
    GripLoad loadfangkuai;                 !指定吸盘的有效载荷数据
    Set do0;
    WaitTime 1;
    MoveL Offs(Pzhuafangkuai,0,0,50),v300,fine,Gripper;
    MoveJ Offs(Pfangfangkuai,0,0,50),v300,z0,Gripper;
    MoveL Pfangfangkuai,v300,fine,Gripper;
    GripLoad load0;
    Reset do0;
    WaitTime 1;
    MoveJ Offs(Pfangfangkuai,0,0,50),v300,z0,Gripper;
    MoveJ Phome,v300,z0,Gripper;
ENDPROC
```

PROC yuan()
    MoveAbsJ *\NoEOffs,v1000,z50,Gripper;
    MoveJ Offs(Pzhuayuan,0,0,50),v300,fine,Gripper;
    MoveL Pzhuayuan,v200,fine,Gripper;
    WaitTime 0.5;
    GripLoad loadyuan;
    Set do0;
    WaitTime 1;
    MoveL Offs(Pzhuayuan,0,0,50),v300,fine,Gripper;
    MoveJ Offs(Pfangyuan,0,0,50),v300,z0,Gripper;
    MoveL Pfangyuan,v300,fine,Gripper;
    GripLoad load0;
    Reset do0;
    WaitTime 1;
    MoveJ Offs(Pfangyuan,0,0,50),v300,z0,Gripper;
    MoveJ Phome,v300,z0,Gripper;
ENDPROC

PROC sanjiao()
    MoveAbsJ *\NoEOffs,v1000,z50,Gripper;
    MoveJ Offs(Pzhuasanjiao,0,0,50),v300,fine,Gripper;
    MoveL Pzhuasanjiao,v200,fine,Gripper;
    WaitTime 0.5;
    GripLoad loadsanjiao;
    Set do0;
    WaitTime 1;
    MoveL Offs(Pzhuasanjiao,0,0,50),v300,fine,Gripper;
    MoveJ Offs(Pfangsanjiao,0,0,50),v300,z0,Gripper;
    MoveL Pfangsanjiao,v300,fine,Gripper;
    GripLoad load0;
    Reset do0;
    WaitTime 1;
    MoveJ Offs(Pfangsanjiao,0,0,50),v300,z0,Gripper;
    MoveJ Phome,v300,z0,Gripper;

ENDPROC

PROC gai()
    MoveAbsJ *\NoEOffs,v1000,z50,Gripper;
    MoveJ Offs(Pzhuagai,0,0,50),v300,fine,Gripper;
    MoveL Pzhuagai,v200,fine,Gripper;
    WaitTime 0.5;
    GripLoad loadgai;
    Set do0;
    WaitTime 1;
    MoveL Offs(Pzhuagai,0,0,50),v300,fine,Gripper;
    MoveJ Offs(Pfanggai,0,0,50),v300,z0,Gripper;
    MoveL Pfanggai,v300,fine,Gripper;
    GripLoad load0;
    Reset do0;
    WaitTime 1;
    MoveJ Offs(Pfanggai,0,0,50),v300,z0,Gripper;
    MoveJ Phome,v300,z0,Gripper;
ENDPROC

小提示

在上述装配程序的各 MoveAbsJ 程序语句中，"*"的绝对轴位置数据为"[[0, 0, 0, 0, 90, 0], [9E+9, 9E+9, 9E+9, 9E+9, 9E+9, 9E+9]]"。

（二）调试装配程序并仿真运行

装配程序编写完毕后，可以对装配程序进行调试并仿真运行，模拟实际中装配机器人的运动过程，具体操作步骤如下。

步骤1▶ 在"布局"窗口中，展开"ASM"，分别右击盒子中辅助用的装配工件，在弹出的快捷菜单中，取消勾选"可见"选项，并取消勾选"修改"→"可由传感器检测"选项，如图 9-37 所示。

步骤2▶ 在虚拟示教器中，单击"调试"按钮，选择"PP 移至例行程序"选项，依次完成"fangkuai""yuan""sanjiao""gai"4 个子程序的调试。

调试装配程序

项目九　编写与调试装配程序

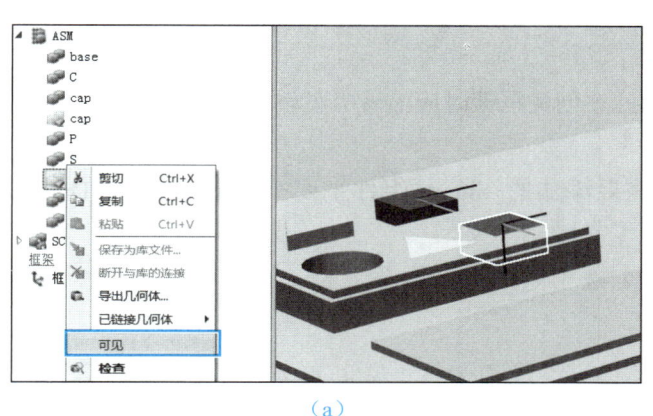

（a）　　　　　　　　　　　　　　　　（b）

图 9-37　取消勾选"可见"和"可由传感器检测"选项

步骤 3▶ 在虚拟示教器中，单击"调试"按钮，选择"PP 移至 Main"选项，完成主程序的调试。

步骤 4▶ 按下使能器按钮"Enable"，单击示教器右下角的启动按钮"▶"（或步进按钮），装配机器人开始执行装配动作。单击停止按钮"■"可停止程序运行。

小提示

仿真之前需要在"仿真控制"面板中，单击"重置"的下拉菜单，选择"保存当前状态"选项，将初始状态保存下来，以便重复仿真运行。

笔记

183

学习效果测评

一、填空题

（1）吸盘具有一定的弹性，因此在创建框架时应沿着吸盘端面的 Z 轴____向移动一定的距离。

（2）装配机器人仿真工作站需要添加的 Smart 组件主要有"Attacher""Detacher""_____"和"_____"。

（3）部分工件及设备需要取消勾选"_____"选项，以避免发生抓取识别错误。

二、选择题

（1）使用（　　）指令可调用编写好的子程序。
  A．MoveJ   B．Set
  C．WaitTime   D．ProcCall

（2）指定吸盘的有效载荷数据可使用（　　）指令。
  A．GripLoad   B．Reset
  C．MoveL   D．ProcCall

（3）下列数据类型中表示程序点位置数据的是（　　）。
  A．clock   B．robtarget
  C．num   D．tooldata

三、简答题

（1）装配机器人仿真工作站的搭建主要包括哪些步骤？

（2）设置有效载荷数据的目的是什么？

项目九 编写与调试装配程序

项目总结与反馈

指导教师根据学生的实际学习情况进行评价，学生配合指导教师共同完成如表 9-5 所示的学习成果评价表。

表 9-5 学习成果评价表

班级		组号		日期	
姓名		学号		指导教师	
评价项目	评价内容		满分/分		评分/分
知识（30%）	了解装配机器人的特点		15		
	了解装配机器人的基本编程思路		15		
技能（50%）	能够搭建装配机器人仿真工作站		20		
	能够编写与调试工业机器人装配程序		30		
素质（20%）	积极参加教学活动，主动学习、思考、讨论		5		
	认真负责，按时完成学习、训练任务		5		
	团结协作，组员之间能够密切配合		5		
	服从指挥，遵守课堂纪律		5		
合计			100		
自我评价					
指导教师评价					

参考文献

[1] 梁秀娟,杨天时,王春光. 工业机器人编程与操作[M]. 长春:吉林大学出版社,2023.

[2] 李锋,李宗泽,张永乐. ABB工业机器人现场编程与操作[M]. 北京:化学工业出版社,2021.

[3] 廉迎战,黄远飞. ABB工业机器人基础操作与编程[M]. 北京:机械工业出版社,2019.

[4] 邹火军,杨杰忠,刘伟. 工业机器人编程与操作[M]. 北京:电子工业出版社,2018.

[5] 龚仲华. ABB工业机器人编程与操作[M]. 北京:人民邮电出版社,2020.

[6] 周淑彦. 工业机器人典型应用[M]. 北京:高等教育出版社,2022.